NF文庫
ノンフィクション

新装解説版

グラマン戦闘機

零戦を駆逐せよ

鈴木五郎

潮書房光人新社

本書では、アメリカ海軍の艦上戦闘機F6Fヘルキャットを中心に同機を開発したグラマン社についても描かれています。

第二次大戦における名機とよばれるものとしてはムスタング、スピットファイア、零戦などがあげられますが、他機にくらべればヘルキャットは地味な機体だったかもしれません。

ただ、その存在は名機としての資格をそなえ、高評価を得るべき実力機であったと著者は語ります。

はじめに　米海軍の名機「ヘルキャット」

第二次世界大戦をつうじて登場した戦闘機は、交戦した各国のものを全部あわせれば、一〇〇機種をこすが、一応の成果をあげる活躍をしたのは、その半分といえよう。

それをさらに〝名機〟というワクでしぼっていくと、わずか一〇機種くらいになってしまう。

アメリカのノースアメリカンP51「ムスタング」、リパブリックP47「サンダーボルト」、ヴォートF4U「コルセア」、グラマンF6F「ヘルキャット」、イギリスのスーパーマリン「スピットファイア」、ホーカー「ハリケーン」、ドイツのメッサーシュミットBf109、フォッケウルフFw190、日本の零式艦戦（いわゆる「零戦」）、キ84「疾風」といったところが、それに属する。

もちろん、各機にたいする評価は、各国により、また世界の航空評論家の見方によっていろいろちがっている。たとえば、性能的にはAクラスでも、その国への貢献度（戦闘実績）

がBクラスならば、性能的にややおとっていても、貢献度Aクラスのものより評価がさがることもあるし、また、出現のタイミングが悪ければ、よいタイミングのものより損をする。さらに、局地迎撃用と長距離進攻用のちがいとか、火力、稼動《かどう》率、生産量などの点も、考慮にいれなければならない。

このような観点から、総合的に採点してみると、P51「ムスタング」、スーパーマリン「スピットファイア」、メッサーシュミットBf109、零式艦戦などが、第二次大戦の戦闘機ナンバー1を競うことになる。

「ムスタング」は、時速七〇〇キロを上まわるスピード、ダッシュ力、上昇力および航続力で、日本の戦闘機よりおとる運動性をカバーしてあまりある戦闘力を保持していた。

また「スピットファイア」は、潮《うしお》のごときドイツの攻勢から〝イギリスを救った戦闘機〟としてジョンブル（イギリス人）の信頼を一身にあつめ、Bf109は、高速一撃離脱の戦闘法と世界一の量産（三万五〇〇〇機）で、ナチの野望を一時的にではあるが可能にした。さらに「零戦」は、ずばぬけた運動性で、太平洋戦争初期から中期にかけて連合国空軍を徹底的にいためつけている。

いずれも第二次大戦当初からはたらき、改良されながら長期にわたって活躍したことが、他の機体よりポイントをかせいだ決め手となっている。

その他、フォッケウルフFw190にしても、ヴォートF4U「コルセア」、グラマンF6F「ヘルキャット」、リパブリックP47「サンダーボルト」にしても、それぞれ長所を大きく

大戦末期、フィリピン上空を飛行する米海軍のF6F-5ヘルキャット、スーパーマリン・シーファイア、雷電21型(フィリピンで捕獲された機体)。

いかしての活躍が、名機にかぞえられる要素となっている。

それらの中で、本来ならもっと高く評価されてもいいはずなのに、意外に地味な存在なのが、グラマンF6F「ヘルキャット」(化猫)」である。

「ヘルキャット」は、日本人にとって、終戦まぎわ「ムスタング」とともに本土を銃爆撃したにくい敵機だった。しかし、アメリカ人にとっては、おそるべきゼロ・ファイター「零戦」をばたばたとたたきのめし、太平洋の制空権を完全にうばってくれた勝利の立役者なのだ。それなのに、アメリカで大もてにもてないのはなぜだろう。

その理由は、第一に、〝ゼロ〟の真の対抗馬としてつくられたグラマンF8F「ベアキャット」のほうが、戦闘には参加しなかったものの、戦後もスピードレーサーとして活躍するほどの傑作機だったこと、第二に、「ヘルキャット」がせりおとしたライバルで、アメリカ人好みの高速機F4U「コルセア」のまもない復活のかげにかくれて、〝出現のタイミングのよかったハタラキバチ〟といった印象を一般にあたえたことだろう。

しかし、性能の点での論議はともかく、太平洋で、反攻する米海軍機動部隊の主力機として、F8F「ベアキャット」にバトンを渡すことなく、日本機群をなで切っせた実績は偉大である。また、英海軍にも供与され「ヘルキャット2」の名で重宝がられていたことは、本機の使いよさを物語っている。

「ヘルキャット」は、単に幸運《ラッキー》のみでは果たしえない、厳とした実力のたまものであり、じゅうぶんに大関クラスの〝名機〟としての資格をそなえている。もし〝幸運の凡作《ぼんさく》機〟だったなら、あれほど優位をたもっていた「零戦」が、たやすく形勢を逆転されることもなかっただろう。

昔から、日本人は身びいきするクセが強く、欧米人のお世辞や謙遜《けんそん》にすぐ悪のりする。

たしかに「零戦」は、あらゆる要素をかねそなえた万能戦闘機として、欧米人のどぎもをぬき、「グレート・ジーク（偉大なる零戦）」とたてまつられた名機中の名機だった。しかし、重量の徹底的軽減にともなう構造の弱さやダッシュ力の不足、いつまでもパワーアップされないエンジンとスピード不足、防弾装置の欠陥というウイークポイントをもっており、これをカバーできるベテラン・パイロットのいるうちはよかったが、彼らをうしないはじめるとともに、急速にその弱点をさらけだしてきた。

「零戦」がよく戦ったということと、日本の勝利とがつながらないように、「零戦」につぐ新型機の登場があったところで、戦局にはさして影響がなかっただろう。そこには、国力が作用しなければどうにもならない問題があり、善戦した「零戦」は、まさに〝悲劇の名機〟とよばれるにふさわしい。その点、「ヘルキャット」は、偉大な国力をバックにして、性能をフルに発揮できた〝幸運の名機〟といえるかもしれない。

それでは、この「ヘルキャット」は、どのような過程をへて〝零戦キラー〟になったのだろうか。それは単に、前作F４F「ワイルドキャット」を改良したというだけのものではなく、それより一〇年以上も前から、航空母艦用の戦闘機を主体としたグラマン社の、たゆみない研究と開発の成果がもたらしたものである。

「零戦」を主体とした軽戦闘機に対抗するのに、艦載戦闘機としては大きすぎ、運動性もよくなさそうであるが、頑丈《がんじょう》さと火力、防衛力で相手の小わざをはね返して圧倒するアメリカ的戦法は、結果的に成功をおさめ、その合理性を立証した。

しかし、格闘性能にすぐれた「零戦」の優秀性を十二分に認識したアメリカは、アリューシャンで捕獲した、ほぼ完全な不時着「零戦」を徹底的に解明させ、アメリカ流プラス日本芸としてF8F「ベアキャット」に具体化させた。それが太平洋戦線に投入される直前、戦争が終結して威力を発揮することはできなかったが、軍用機、とくに戦闘機はこのような経過をたどって、つねに相手より優位にたつよう、しのぎをけずるのだ。

第二次大戦の終結で、F8F「ベアキャット」の生産が中止されると、グラマン社はすぐにジェット・エンジンつきのF9F「パンサー」を開発して、おりからの朝鮮戦線におくり、アメリカ軍の作戦を海上からたすけた。つづいて超音速のジェット戦闘機ながら、運動性にすぐれたF11F「スーパータイガー」をつくりだしたが、これは昭和三十四年、日本の国防会議で航空自衛隊次期戦闘機の座をロッキードF104「スターファイター」とあらそい、「ロッキードかグラマンか」で大きな話題となった。

一九六四年、F4「ファントム」の後継機として、可変後退翼のマッハ二・五級双発艦載戦闘機F14A「トムキャット」を開発、ソ連のミグ25に対抗して生産にはいり一九七三年に原子力空母「エンタープライズ」へ積みこまれていた。グラマンの艦載戦闘機づくりの手腕は、ますますさえているといっていい(ついでながら、アポロ宇宙船の月着陸船LMも、やはりグラマン社が共同製作した)。

こうしてみると、一九三〇年代から手がけられてきた艦戦のひとつのピークである、F6F「ヘルキャット」も、運ばかりではない実力の名機だったといえるだろう。

グラマン戦闘機——目次

C
NAVY
C
NAVY
COLUMBUS

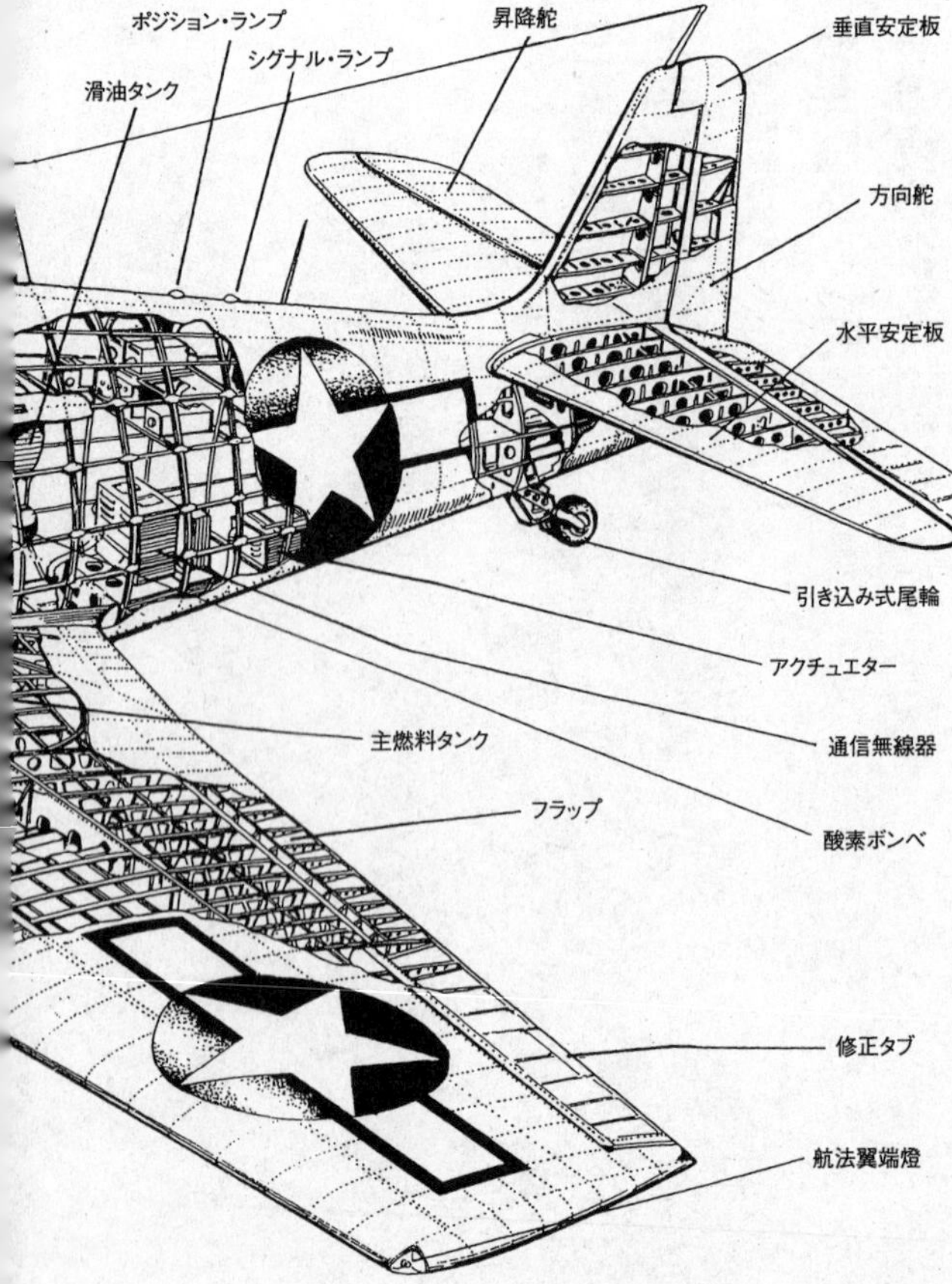
ポジション・ランプ
昇降舵
垂直安定板
シグナル・ランプ
滑油タンク
方向舵
水平安定板
引き込み式尾輪
アクチュエター
主燃料タンク
通信無線器
フラップ
酸素ボンベ
修正タブ
航法翼端燈

グラマンF6Fヘルキャット 解剖図

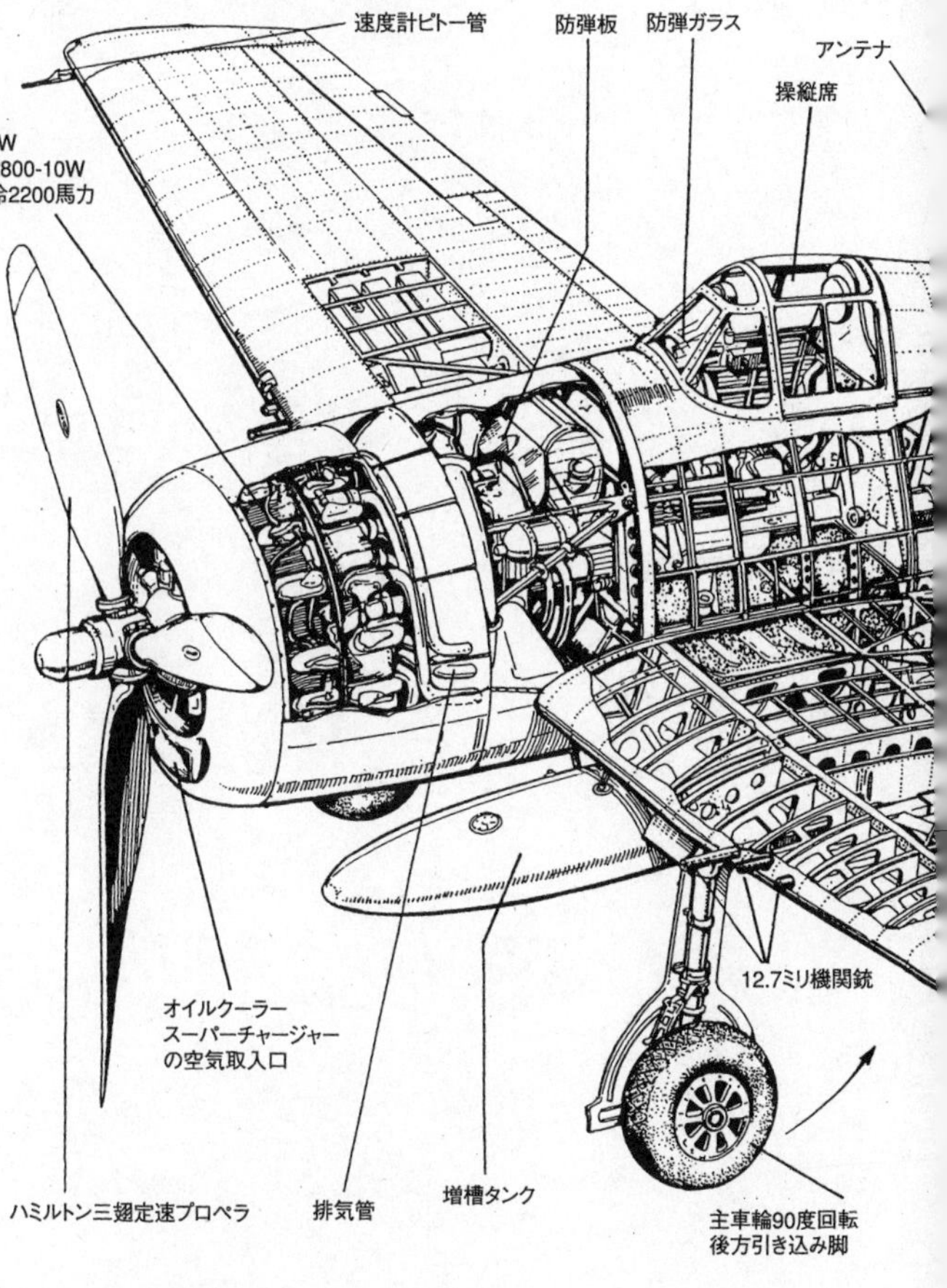

グラマン戦闘機

零戦を駆逐せよ

[1] ビヤダル型戦闘機のデビュー

爆煙に包まれたパールハーバー

常夏《とこなつ》の楽園ハワイが、まさかほんとうに、太平洋戦争発端の場になろうとは、当時のだれもが考えつかないことだった。

日曜日の早朝、腹をゆさぶる爆発音と、けたたましいサイレンの音につづいて、

「パールハーバー(真珠湾)空襲! これは演習ではない! これは演習ではない!」

という、息せききったラジオ放送が流れてきても、オアフ島の住民は、なにがなんだかわからないまま、ただおろおろするばかりだった。

「なに、演習じゃないって?」

「じゃ、ほんものの空襲かい?」

ねぼけまなこをこすりながら、半信半疑のおももちで空を見あげ、敵の機影や爆煙をみとめながらもまだ、それが演習であることを念じていたくらいである。

しかし、それはまさに、ほんとうの空襲だった。劇的な放送をした声の主が、ハワイの防空対策につねづね不満をもっていたハワイ海軍航空隊司令官ベリンジャー少将の幕僚、ローガン・ラムゼー中佐だったのは、まことに皮肉なことといえる。

そのとき――一九四一年十二月七日（日本時間八日）午前七時五十分すぎ、まず湾内のフォード島の軍艦群と飛行場が爆煙につつまれ、ついで、ヒッカム飛行場から火の手があがった。さらにカネオエ、ホイラーなどの飛行場からも……。

しかしアメリカ軍は、ただウデをこまねいて見ていたのではない。パールハーバー上空に乱舞する日本機にたいして、当番非番を問わずかけつけた兵士らは、高射砲や機銃の応射をおこなった。また、爆撃と地上掃射の間をぬって、滑走路から飛びたった勇敢なパイロットも何人かいた。こうした状況については、映画『トラトラトラ』や『地上《ここ》より永遠《とわ》に』で、ご覧になった方も多いとおもう。

この空前といわれたパールハーバー奇襲は、諜報《ちょうほう》結果にもとづくアメリカの油断と誤算からきたものであり、ひいては日本に〝だまし討ち〟の汚名をきせることとなった。

しかし、当時のハワイにあったアメリカの航空兵力は、陸軍機が二三一機、海軍機が三〇一機、海兵隊機が四九機で、合計五八一機（要修理機もふくむ）にたっしていたのだから、けっして準備をおこたっていたなどとはいえない。むしろ、きたるべき対日戦にそなえて、新戦力を増強中だったのである。

しかし、日本の第一次攻撃隊一八三機、第二次攻撃隊一六七機、計三五〇機にたいして、

ハワイに配備されていた米軍の主力戦闘機カーチスP40キティホーク（上）、カーチスP36モホーク（下）。F4Fは少数機しか前線に投入されなかった。

迎撃することのできた米軍戦闘機は、一〇〇機あまりのうちごくわずかだった。

アメリカ軍は、日米関係が悪化してきたので、ハワイに住む日系人やスパイによる破壊工作を防止するため、各種飛行機を格納庫や飛行場の片隅にまとめてならべ、警戒を厳重にしていた。だから、奇襲にあってはひきだすのに手間がかかり、そのうちに日本機の爆撃と銃撃が、それらを簡単になめつくしてしまったというわけである。

迎撃できたのは、空襲をまぬかれたオアフ島北部のハレイワ陸軍飛行場から飛びたったカーチスP40四機と、カーチスP36一機、ホイラー飛行場からのP36四機（うち一機はのちの撃隊王〈三四・五機〉ガブレスキー大佐〈当時少尉〉で、このときスコアはゼロ）、ベローズ飛行場からのP40三機（離陸直後ともに墜落）ぐらいのもので、日本機一〇機を撃墜したにすぎない。しかし、第47追撃中隊（ハレイワ）のジョージ・ウェルシ、ケン・テーラー両中尉は、それぞれ四機を撃墜して、殊勲十字章をうけた。

グラマンはどうした？

この陸軍戦闘機の反撃にたいして、海軍戦闘機の名がまったく見えないのはどういうことだろうか。

やはり混乱のフォード島で、海軍航空隊員たちは、やきもきしていた。

「おい、ジョン、グラマンはどうしたのかな。まだ姿を見せないぞ」

「エワにきている、あたらしい『ワイルドキャット』だね、マック。あれなら日本機をやっつけてくれるだろうにな」

「きようにそなえての単葉グラマンじゃないか……」

ジョーンズ、マックガイア両少尉が、こう話しているのに、期待される新戦闘機グラマンは、ついに飛んできてくれなかった。

そのころ、オアフ島南西のエワ海兵隊基地においてあった、グラマンF4F「ワイルドキャット」一一機は、「ドーントレス」急降下爆撃機三二機とともに、破壊工作からまもるため、びっしりとエプロンにならべられていた。ところが、「零戦」隊の超低空銃撃で、九機が撃破され、二機を残すだけになっていたのだった。

そのほかの「ワイルドキャット」は、おりからすべて外にでていた航空母艦と行動をともにしていたため、ハワイにおける海軍戦闘機の兵力は、きわめて微弱だった。それも、「零戦」との初手あわせが、空中ではなく、地上で寝首をかかれた形となったのは、いかにもさえないことだった。

しかし、十二月九日には、ウェーキ島に空母「エンタープライズ」から陸揚げされたばかりの「ワイルドキャット」が、攻撃してきた日本爆撃機一機を初撃墜している。また、翌十日にも二機を撃墜して、ハワイにおける同機の〝戦果ゼロ〟のみじめさをカバーした。それにしても「零戦」に対しては、「ワイルドキャット」ではいかにも分が悪く、これから先が思いやられた。

ただし、これはアメリカの期待はずれだったというよりも、配備中の少数機をまったく受け身の態勢で戦わせ、さらに、「零戦」対策を考えていなかったところに原因がある。日米開戦があと二、三ヵ月おくれていれば(あるいは「ワイルドキャット」がもう少し早く配備されていれば)、機数もかなりふえていただろうし、パイロットも、機体を手のうちに入れていただろうから、より善戦していたにちがいない。

いずれにしても、運動性にまさる「零戦」を相手に、悪戦苦闘をかさねながら、「ワイルドキャット」は防波堤の役目をはたし、戦争後半から後継機F6F「ヘルキャット」にバトンをわたした。

量産型の「ワイルドキャット」が初飛行したのは、一九三九年（昭和十四年）二月で、原型「零戦」は同じ年の四月だったから、両者のライバル争いは、開発では「ワイルドキャット」が先んじたものの、その後の生産と、中盤までの戦闘では「零戦」が勝ちをしめたことになる。

最終的には、軍配《ぐんばい》は、後継機「ヘルキャット」をもったグラマンに高々とあがったわけだが、この偉大なバイタリティをプロデュースした男――ルロイ・グラマンとは、いったいどのような人物なのだろうか。

大空に夢をいだいて

人類の動力飛行へのあこがれが、いよいよ煮つまりつつあったとき、すなわち一八九五年（明治二十八年）一月四日、ルロイ・ランドル・グラマン（Leroy Randole Grumman）は、ニューヨーク州ロングアイランドのハンチントンに生まれた。

九歳のとき、ライト兄弟が、ついに動力飛行の第一号となったことが、彼の科学好きな心をうごかしたにちがいない。

一六歳でハンチントン・ハイスクールを卒業、コーネル大学に進んで工学士の学位をとると、ニューヨーク電話会社の技術部に就職した。しばらくして、第一次大戦がはじまると（一九一四年七月二十八日）、彼は躊躇なく米海軍に入隊した。

多くの同僚が、大戦で活躍する飛行機に刺激され、航空隊入りをしたのにたいして、彼は、当時の最新兵器のひとつとなりつつあった潜水艦にまわされた。

一九一七年、その研究の目的をもって、軍籍のままコロンビア大学に派遣され、潜水艦用エンジンの開発にたずさわった。しかし、やはり航空への夢をおさえきれず、上司をうごかして、海軍航空検査官としての教育をうけることに成功した。

グラマン社の創立者ルロイ・ランドル・グラマン氏。著者にあてた〝心より好意と尊敬を込めて〟という署名が読める。

晴れて航空隊員として、マイアミ海軍基地およびペンサコラ航空隊で操縦訓練をうけたグラマン海軍少尉は、一九一八年一月、米海軍第一二一六番目の操縦将校となった。自分で飛行機を設計し、それをつくってテストしたうえ売りこもうという野心をもちはじめたのも、このころからである。

しかし、そのためにはもっと高度な航空知識が必要であると考えたグラマン少尉は、すぐさまマサチューセッツ工科大学のワーナー教授のもとで、航空機設計技術を学びはじめた。こうしたところに、なみの男ではない彼の面目がいきいきとあらわれている。

大戦もおわった一九一八年の暮れ、フィラデルフィアの海軍工廠勤務となり、ここで彼は、念願の一部であるテスト・パイロットと設計技術者をかねて、海軍機の性能向上のために活躍をはじめた（あつかった飛行機は、MF・R9、F5L、F6L、F6L-1、HS2L、HS3、NC7などだった）。

ここまでウデをみがけばもうだいじょうぶ、と思ったグラマンは、一九二〇年十月、海軍中尉に昇進してまもなく、退役して、ニューヨークのローニング航空工業会社に設計技師として就職した。みずからつくって売ることの奥義《おうぎ》をきわめようというわけだ。

グラマン航空機会社を設立

社長のグロバー・C・ローニングは、一九〇九年にグライダーをつくったりしたのち航空工学博士となり、デイトン・ライト航空機会社でM8戦闘機を設計して名をあげた。そして、弟のアルバート、およびルードルフとともにローニング社を設立し、陸海軍機、水陸両用機のメーカーとして地歩をきずきつつあった。

グラマンの入社当時、ローニング社ではローランス三気筒エンジンつきの全重量二七〇キロという、超小型飛行艇の試作がすすんでいた。そこでまず、このテスト飛行を担当することになった。

ところが、この機体はたいへんなテール・ヘビー（機尾がおもく、低速になると機首をあげるクセがある）で、失速しやすく、彼はいつでも命がけだったという。

しかし、これがきっかけで、グラマンの仕事は水陸両用機の設計と改良に重点がおかれ、多くの実績をのこした。

彼自身の最初の設計は、一九二一年の単発水陸両用機「フライング・ヨット」で、これは、この種の飛行機による世界記録をつくり、航空界の名誉「コリヤー・トロフィー」をうけている。じっくりと研究を積んだグラマンだからこそ、最初からこの成功につながったといえよう。おなじような成功作に、やはり水陸両用の「コミューター」がある。

一九二九年（昭和四年）、ローニング社が爆撃機を主につくっているキーストン社に合併され、さらにカーチス・ライト社の傘下にはいることになった。これは銀行が、リンドバーグの大西洋無着陸単独横断飛行（一九二七年）などに刺激され、成長産業としての飛行機製造会社の株を買い占めたためだった。

このころすでに、ローニング社の総支配人となっていたグラマンは、ウィリアム・シュウェンドラーやレオン〝ジェーク〟スワーブル、クリントン・タウルら腹心の部下とともに、新会社をつくって独立する決意をかためていた。

新会社の設立工作はうまく運んで、十二月九日には設立登記をおわり、翌一九三〇年一月、

ルロイ・R・グラマンが設計と改良に力をいれたローニング水陸両用機。

ロングアイランドのボールドウィンの古ガレージに「グラマン航空機会社」の看板をかかげ、店開きにこぎつけた。シュウェンドラー以下六人の幹部に工員一五人、グラマン社長とも総勢二二人という、町工場なみのささやかなものだった。

艦載機に燃やす情熱

ここで、グラマンの独立に影響をあたえた当時の世界の動向と、アメリカ海軍航空について、ちょっとふれておく必要があろう。

第一次大戦がおわって、平和がおとずれ、国際協調の立場から国際連盟が生まれたものの、そのうらでは、列強間に建艦競争がすすめられたり、自国の権益の擁護と伸長にやっきとなるありさまだった。つまり第一次大戦は、各国海軍間の対立を激化させる要素をとりのぞくことができなかったのだ。

しかし、あまりにもとどまるところのない建艦競争にブレーキをかけようと、アメリカが音頭《おんど》をとって、ワシントン軍縮会議が一九二一年（大正十年）から翌年にかけてひらかれ、主力艦のトン数に制限がくわえられた。これは米・英・日の比率を

ローニング水陸両用機フライング・ヨット。

五・五・三とする、史上有名なアメリカの諜報《ちょうほう》組織による勝利となっておわった。

また、補助艦艇の制限にかんするロンドン会議（一九三〇年＝昭和五年）でも、アメリカはふたたび有利な立場にたっている。

ワシントン会議とロンドン会議の間の約八年間というものは、まだ制限されていなかった補助艦、つまり船台上にある巨艦の航空母艦への転換と、航空兵力の整備に力がそそがれることになった。

日本は一九二二年（大正十一年）、空母のテスト艦として「鳳翔」を完成、ついで一九二五年（大正十四年）に巡洋戦艦から改造した本格的な「赤城」を、一九二八年（昭和三年）には、おなじく「加賀」を就役させた。

アメリカもやはり、一九二二年に給炭艦から改造した「ラングレー」の実用テストをおこない、一九二七年に巡洋戦艦改造の「レキシントン」、一九二八年におなじく「サラトガ」を完成して、日本に対抗した。

戦艦および航空母艦の勢力で、日本よりはるかに優位にたったアメリカが、さらに日本を突き放したのは、海軍航空兵力の精鋭化である。

これに関しては、米陸軍のウィリアム・ミッチェル准将が、一九一九年から「戦艦は、航空爆撃の前には無力だ。戦艦をやめて空母を優先させ、また空軍を独立させるべきだ」ととなえ、大艦巨砲主義だった軍部から狂人あつかいされたこともあった。が、しかしこの論争がきっかけとなって、一九二五年、クーリッジ大統領任命のモンロー委員会が設けられ、アメリカ航空政策の検討がおこなわれると同時に、海軍航空の充実をきめたのだった（海軍機一〇〇〇機を五ヵ年計画で完成させるというもの）。

このような背景のもとに、米海軍は、有能な航空母艦に搭載すべき飛行機――戦闘機、爆撃機、雷撃機、偵察機の制定と補給が急務となった。

「ラングレー」に最初搭載していたのは、ヴォートVE7練習機の改良型や、ソッピース「キャメル」、SE‐5、トーマス・モースS4C、アンリオ、ニューポール28といった第一次大戦末期の機体のよせあつめだったが、一九二二年夏になって、カーチスのTS‐1（水冷二二〇馬力）が制式機に採用された。これは四二機つくられ、FC‐1、F2C‐1、F4C‐1と発展している。

一九二五年になると、ボーイングでは、陸軍のPW‐9戦闘機から発達させたFB‐1戦闘機を海兵隊用に開発し、伝統のカーチスF6C‐1戦闘機（陸軍のP1「ホーク」改）とともに採用された。いずれも、水冷エンジンつき複葉機で、ひじょうによく似ている。

この両機が改良をつづけながら、空母用艦戦の双璧となってゆくのだが、一九二八年ごろ

米海軍最初の空母ラングレー。搭載機は前から２機目と６機目がカーチスTS-１艦戦、最後尾がカーチス艦爆、他の５機はヴォートVE７艦偵。

からは、艦戦の役割は、軽爆、つまり急降下爆撃機としての任務もかねるようになり、この用法でも日本海軍は、戦術的なおくれをとったといえる。

ローニング社につとめて、水陸両用機の開発改良にうちこんでいたグラマンが、こうした海軍航空の情勢をするどくかぎとっていたことは当然で、独立したらかならずや、新型の艦載機を開発して量産にもちこみ、一大航空機メーカーになってやろうという情熱を燃やしていたのだ。

「グラマンAフロート」の完成

〝急《せ》いては事をしそんじる〟ということわざどおり、グラマンはけっしてあわてなかった。彼は、夢を実現させるために、より洗練された水陸両用フロートを完成しておくべきだと考えた。

しかし、さしあたっては、発足したばかりのグラマン社の社員をやしなわなければならない。ちょうど、ノースビーチ空港とニューヨーク近郊の各空港とをむすぶフェリーサービスに、ローニング水陸両用機がかなりつかわれていたので、それらの修理や整備をうけおうことにした。もともとグラマンの手がけてきた機体ばかりだから、この仕事はうまく運んだ。

その年の夏、彼の引き込み車輪つき水陸両用フロートが試作された。これは、一対の主車輪を全金属製フロートの両側の格納室へ油圧でひきあげ、その表面だけをのこして完全に収容してしまうもので、ローニング社の、車輪を上へ半分むきだしたものより、はるかにすぐれていた。

彼はこれに「グラマンAフロート」と名づけて海軍当局に提出したところ、艦隊の目といわれていたヴォートO2U「コルセア」偵察機に装着してテストしてくれた(カタパルトから発進して、水上にも、艦上にも、陸上にもおりられる)。

「これは便利だ。従来の水陸両用機とくらべると、格段のちがいだ。すぐに二組を納入し、つづいて八組を用意するように」

という気に入りようだった。これに力をえて、グラマンはさらに「Aフロート」の改良に力をそそいだ。

このころ、アメリカは、水陸両用機を軍民ともに、大いに重用していた。多くはローニングの半引き込み車輪をもった水陸両用機で、海軍では索敵・偵察用に、民間では短距離の都市間輸送に活躍していた。

本来なら日本でも、もっとつかわれていいはずのものだったが、水上機の川西航空機会社

ヴォートO2U-2コルセア艦上観測機。

でも、まったくつくっていない。やはり脚機構に〝弱い〟日本航空工業の実情だったのだろうか。

もっとも、ローニングはこの道の先達《せんだつ》で、デイトン・ライト社時代、一九二〇年のゴードン・ベネット・トロフィー・レース（スピードレース）に登場させたRB－1レーサーの脚引き込み機構、つまり車輪の胴体側面ひきあげ式を、じゅうぶんにマスターしていた。彼が独立して、水陸面用機にもこれを導入し、さらにグラマンがこれを発展させたのだから、その歴史はかなり古いといってよい。

「Bフロート」で性能アップ

さて、一九三〇年の末になって、さらに性能のよい「グラマンBフロート」ができあがった。単フロートの中央下方から左右にふまえた車輪を、フロートの太くなった側面にぴたりとしまいこむ形式は、「Aフロート」とほとんどおなじだが、より小さい車輪をもちいることによって、抵抗を大幅にへらすことができた。

これもヴォートO2U3「コルセア」偵察機の装着用として、海軍から一九三二年までに一五組の注文がだされた。

しかし、グラマンの真の意図は、この「Bフロート」で胴体引き込み脚の実用テストをしておいて、そのままこれを陸上機（つまり艦載機）に流用することにあった。当時の航空界の動向は、空気抵抗の多い突出物をできるだけのぞいて、スピードをあげることに焦点があてられていた。

このため、複葉機では、上下翼間の張線をやめて、切り口が流線形の支柱だけにし、単葉機も、高翼あるいは低翼の片持ち式（支柱のないもの）となり、胴体は金属製のなめらかなものへとかわっていった。そして、降着装置の簡素化がいそがれた。

しかし、実用的な引き込み脚はなかなかうまくいかず、ようやく民間のボーイング「モノメール」郵便機（一九三〇年）、ロッキード「オリオン」旅客機（一九三一年）、そして軍用では、ボーイングY1B-9A双発爆撃機が、中型以上の低翼単葉という脚引き込みに都合のよい形式で成功しはじめたというのが実情だった。

だから、戦闘機が、すばしこさと上昇力を生命とするために単葉化がおくれ、あいかわらずの複葉形式ならば、小型でうすい下翼に脚を収容することもできず、胴体側面への引き込みも実用的なものはむずかしく、せいぜい支柱をできるだけ簡略にし、車輪をカバーで整形するぐらいしか手がなかった。

グラマンが目をつけていたのは、まさにここだった。長い研究と開発のたまものである

ヴォートO2U-3コルセア水陸両用観測機。

「Bフロート」を戦闘機体そのものにして、実用的引き込み脚をもつ複葉戦闘機を世におくりだそうとしたのである。

艦戦の双璧、ボーイングとカーチス

前にボーイングのFB-1、およびカーチスのF6C-1両複葉戦闘機が、一九二五年、海軍に制式機として採用されたことをのべたが、その後、FB-1はFB-5（パッカード水冷五二五馬力、時速二七三キロ）に発展したあと、根本的に改良されてF2B-1となった（一九二六年）。

これは、軽量小型の機体に強馬力エンジン（プラット・アンド・ホイットニー「ワスプ」空冷星型九気筒、四二五馬力）をつけた、格闘性能のすぐれた艦上戦闘機で、昭和二年（一九二七年）、日本海軍は三井物産をつうじて、ボーイング社から実験用に一機購入している。

三式１号艦上戦闘機(上)、九〇式艦上戦闘機１型。

ボーイング社のテスト・パイロット、レスリー・タワーが、霞ヶ浦飛行場で、本機を操縦して急上昇、急降下、五分間にわたる背面飛行など、連続四〇分間のアクロバット飛行をおこない、海軍パイロットをはじめ観衆のどぎもをぬいた（最高時速は二五八キロ）。

　一九二七年に、Ｆ２Ｂをほんの少し大きくして再設計したのがＦ３Ｂ－１で、ぐっとたくましい感じになった。一九二八年に完成した「サラトガ」にさっそく積みこまれ、五年間お役目をはたしている。

　この間、カーチス社は、陸軍むけではボーイング社を圧倒していたが、海軍用では、Ｆ６Ｃ－１から－２（一九二六年）、さらに－３（一九二八年）へ発達させた程度で、艦上戦闘機

ボーイングF2B艦戦（上）、ボーイングF4B-1艦戦。

に関するかぎりは、まったくの互角だった。

ところが一九二九年、ボーイング社があたらしい系統の陸軍用P-12シリーズを開発し、これを海軍むけにF4Bシリーズとしてまわすようになってから、カーチス社は陸海両軍用とも一歩後退し、ボーイング社の戦闘機天下となった。

F4B-1（一九二九年、プラット・アンド・ホイットニー「ワスプ」空冷星型四五〇馬力、最高時速二六七キロ）から-2、-3、-4（一九三〇年

〜三三年、プラット・アンド・ホイットニー「ワスプ」五〇〇馬力、最高時速二九〇キロ）にいたる、ずんぐりしながらも精悍なスタイルは、当時、一九二八年（昭和三年）制式の三式艦戦（最高時速二四〇キロ）と一九三〇年（昭和五年）制式の九〇式艦戦（最高時速二八五キロ）をそろえたばかりの日本海軍にとって、かなりの脅威だった。

日本軍部の思いあがり

日本の強引な対中国政策が、アメリカの門戸開放主義とぶつかって、日米関係は悪化の一途をたどっていたので、満州事変（一九三一年＝昭和六年九月十八日）直後に進空（九月二十五日）した米海軍用大型飛行船「アクロン」や、民間ではあるがパングボーン、ハーンドン両パイロットによる太平洋無着陸横断飛行の初成功（十月四日〜五日）なども、日本に大きな重圧となってのしかかっていたことと思われる。

さらに、巨大空母「レキシントン」「サラトガ」両甲板上にずらりとならぶF４Bシリーズもそうだった。

「大言壮語や精神論をぶつのなら簡単だが、今の状態でわたりあったらどうしようもないのじゃないかな」

「ワシントン、ロンドン軍縮会議の結果からいえば、一〇対三で勝てるわけはない。それを補助艦艇と訓練でおぎなうというハラらしいが、まず最初のうちだけで、長びけばかならずやられてしまうだろう」

ボーイングP12戦闘機(上)、ボーイングF4B-4戦闘機(海兵隊)。

「それに、アメリカの飛行機とパイロットの質を過小評価するほど危険なことはないね」

「軍事力ばかりではりあわずに、もっと対外的な政治力をきかさなければ」

日本軍部の満州事変演出と右翼のバックアップで、国内の思想弾圧と不景気風はいよいよひどく、心ある人びとは声をひそめて、このような会話をかわしていた。

それでも強気の日本軍部が、士気の高揚に

手をうって喜んだのは、上海事変初めの肉弾三勇士と蘇州上空の空中戦である（いずれも昭和七年二月二十二日）。

廟江鎮《びょうこうちん》の敵陣突破のため、爆弾筒をだいたまま自爆してはてた三勇士の話はさておき、蘇州上空の空中戦とは、日本海軍の一三式艦上攻撃機三機と三式艦上戦闘機三機が、ただ一機迎撃してきたアメリカ人教官ロバート・ショートの操縦するボーイングP－12E戦闘機と空中戦闘をまじえ、これを蘇州上空で撃墜したという事件だ。

ボーイング機は、正しくはモデル218型といって、陸軍用のP－12Eと海軍用のF4B－3両型の原型で、中国に売られたものだが、日本海軍が脅威に感じていたアメリカの新戦闘機であった。しかもアメリカ人教官の操縦によるものを、性能的におとる三式艦戦で撃墜したことに、軍部のPRのポイントがおかれた。

もちろんトドメをさした三式艦戦（イギリス製グロスター「ガンベット」のコピー）の指揮官・生田《いくた》乃木次《のぎじ》大尉の技量の優秀さがあってのことで、その時点では喜ぶべきことだったのだが、当時アメリカでもいわれたように、ショート自身の軽率さと向こうみずさが招いた事件だったことも忘れてはならない。

にもかかわらず、軍部は「F4B恐るるに足らず。アメリカのパイロットは技量が劣る」と思いこませ、さらにメーカーやパイロットもそう判断するにおいては、もう思いあがりもはなはだしい感じであった。

全金属製、引込み脚、複座の革新的な機体の戦闘機 XFF-1。

認められた脚引き込み機構

こうした情勢を横目で見ながら、グラマンは、一心不乱に新型機設計の図面づくりにうちこんでいた。

「いまに航空界の鼻をあかしてやるぞ。ボーイングもカーチスもあきらめるような新機軸で――」

「これを発展させれば、きっと艦上戦闘機の王座をうばうことができる。社長のねらいはまちがっていない」

腹心の部下シュウェンドラーの目は、けっしてお世辞でいっているのではないという輝きにみちていた。グラマンと辛苦をともにしてきたのも、新戦闘機の開発にうちこみ、未来の大飛行機メーカーを夢見てのことではないか。

そのカギが、この将来性あふれる〝胴体引き込み脚機構〟に集約されているのを見れば、りんりんとした勇気がわきあがってくるのも当然といえる。

しかしそれまでには、フロート製作のかたわら、あまり気のすすまないバスのボディづくりまでして、資金の蓄積をはからなければならなかった。社を維持するのと、

もし図面が気にいられて多量に受注した場合、より大きな工場もなく、工作用具も手にはいらないのでは、商売にならないからである。

一九三一年四月二日、海軍当局に提出した新型複座戦闘機の設計図にたいする、待望の返事がもたらされた。

「本機の脚引き込み機構を斬新《ざんしん》なるものと認め、ＸＦ

XFF-1

F－1（Xは試作、はじめのFは戦闘機、つぎのFはグラマン社、1は一号機をあらわす）の名称をあたえて、早急に試作することを命ず」

この日のグラマン・ボールドウィン工場は、終夜こうこうと明かりがともり、活気にみちていたのはいうまでもない。

できあがっていくXFF－1は、たしかに「Bフロ

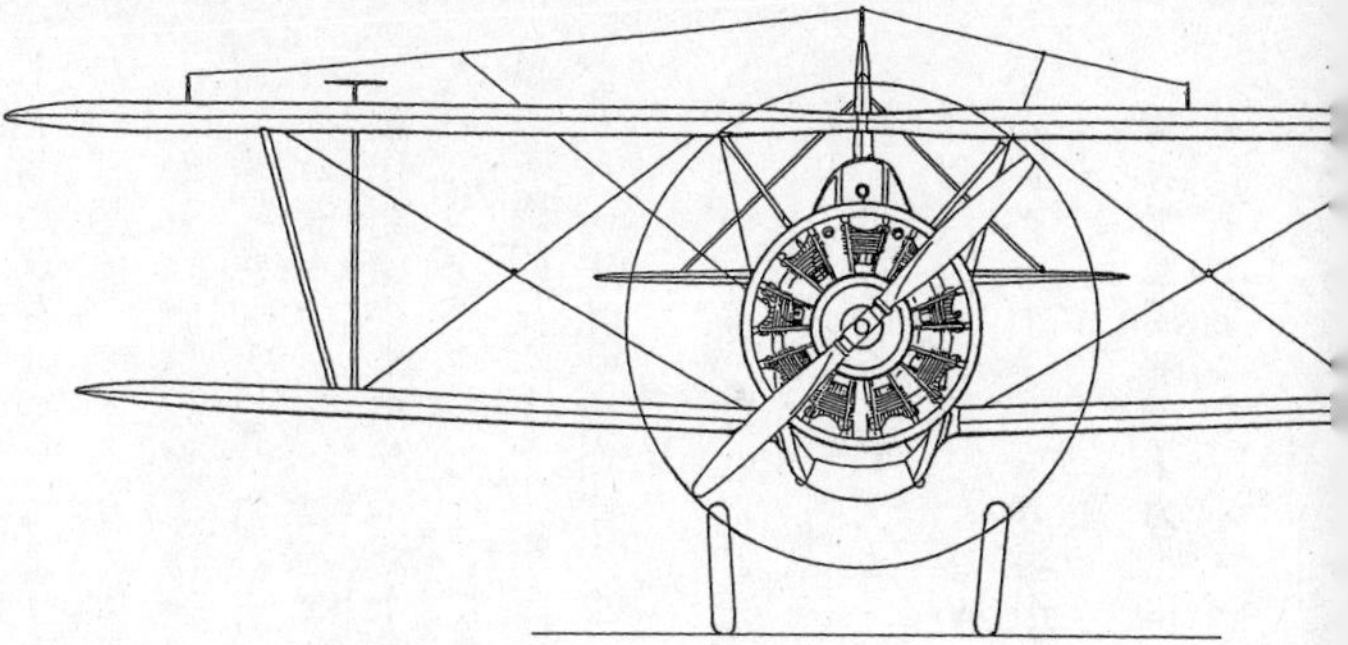

グラマン FF1

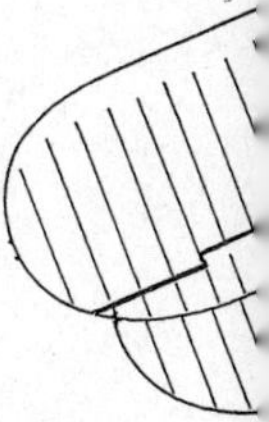

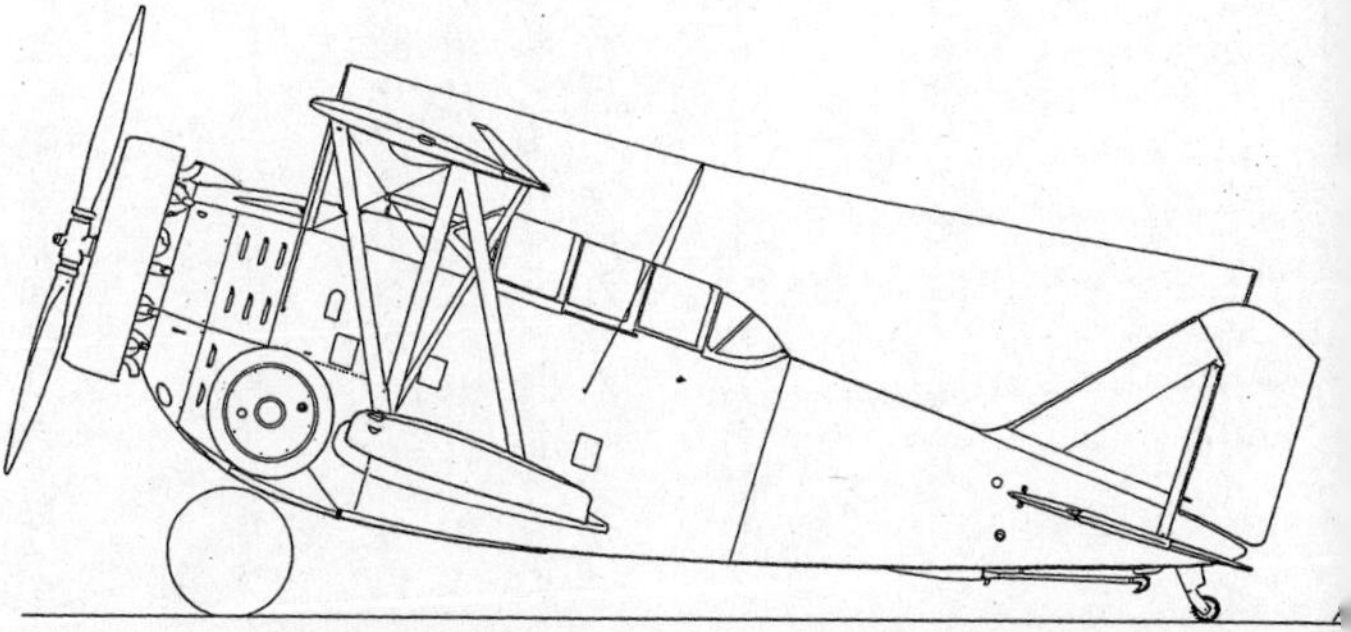

ート」に翼をはやしたようなかっこうだった。車輪をエンジン直後の胴体側面にひきあげるため、胴体がずんぐりと太くなり、スマートさに欠けた。

しかし、胴体、翼とも全金属製（当時は主翼や尾翼まわりは布張りがほとんどだった）で、前席（操縦席）と後席（射手席）を一体にしたキャノピー（天蓋《てんがい》）をもち、飛行中に脚まわり突出物のまったくないことはまことに新鮮で、力強さにあふれていた。

試作開始後半年たった十月五日、日米間の懸案だった太平洋横断無着陸飛行が、アメリカ人のパングボーンによってなしとげられた。その使用機ベランカ単葉は、日本の淋代《さびしろ》（青森県）を離陸したとき、重量の軽減と抵抗をへらす目的で、脚を車輪ともはずして海にすてた。だから、アメリカ西岸のウェナッチにおりるときは、胴体着陸を敢行しなければならなかった。

グラマンは、ほとんど完成しかけたXFF－1の脚をなでながら、スワーブルらと話していた。

「これがありさえすれば、パングボーン君も苦労せずにすんだだろうにな」

彼は、自分より一つ若い（三五歳）友人の快挙にたいして祝福すると同時に、簡単な引き込み脚の一日も早い実用化を痛感していたのだ。

晴れて軍用機メーカーに

十一月になって、グラマン社はボールドウィンから一〇キロばかりはなれたヴァレイ・ストリームの元海軍基地にうつった。ここの空き格納庫を、そっくり工場につかうことができたし、テスト飛行もこの飛行場でおこなうことができた。まったくうってつけの環境に、一同大よろこびだった。

定期的な修理作業と「Bフロート」の製造、およびバス・ボディづくりはつづけられたが、十二月にはいってXFF-1のテスト飛行が開始された。構造上の欠陥も発見されず、また舵《かじ》の利きぐあい、脚のあげさげなどのトラブルもなくスムーズに運び、暮れもおしせまった二十九日、海軍に無事ひきわたされたのである。

もちろん、アメリカ海軍初の引き込み脚戦闘機だから、性能の向上ばかりでなく、世界に先がけた技術的リーダーシップに当局の受けもひじょうによかった。ライト「サイクロン」のR-1820-E九気筒六六〇馬力エンジンという強さとあいまって、最高時速は三一三キロという、当時の単座陸上戦闘機以上のスピードがだせたのである。

また、着陸（艦）速度は、時速九六キロと低くでき、航続距離は一三〇〇キロ、総重量は一八〇〇キロ、武装として前方に七・七ミリ固定機銃二、後席に七・七ミリ旋回機銃一をもっていた。こう書くと、いかにものんびりきこえるが、当時の複座戦闘機としては、革新的な性能と装備だった。

しかし、アナコスティアでの海軍テストでまずいことがおこった。空中で作動テスト中のXFF-1の脚が、引き込まれたままでおりてくれないのだ。

気のみじかいジェーク（スワーブル）は、

「いまいましい脚め、固定しちまおうか」

と顔を赤くしてうなったというが、初期の引き込み脚というのはこんなことがしばしばあったもので、トラブルを解消していくのがテストの大きな目的のひとつだった。

いずれにしても、海軍当局はXFF－1の優秀さを認め、XをとったFF－1として翌一九三二年に二七機、計六四万一二五〇ドルの契約を、グラマン社との間にとりかわした。これで、グラマン社は晴れて、制式のアメリカ軍用機メーカーになることができたのである。

多目的に応用できるFF－1

ついにグラマンの栄光の一ページは開かれたが、当時は経済大恐慌のまっただ中にあり、他のしにせメーカーの縮小や閉鎖があいついでいたので、やっかみ抵抗もみられたという。

しかし〝グラマン一家〟の結束はかたく、従業員も四二人にふやされた。

日米間の雲行きは、太平洋をはさんでしだいにあやしくなり、米海軍のデモンストレーションもさかんにおこなわれている。上海事変直後の昭和七年三月二日付の新聞には、つぎのように書かれていて、日本にたいする示威行為であることは明白である。

「米国海軍省は本日（二月二十九日）米国海軍のほとんど全部に対し太平洋に出動命令を下した。これがため練習艦隊偵察艦隊ならびに特務艦隊も太平洋に出動を命ぜられた。なお今回の出動命令を受けた大西洋艦隊は、二月初旬以来ハワイ沖で行なわれていた陸海軍共同演習中の黒色艦隊に合し、青色艦隊が米国太平洋沿岸を攻撃せんとするに対し、これを反撃する一九一一年以来の大演習に加わるものである」「レキシントン」「サラトガ」に搭載する〃今日の新鋭機〃が、明日には〃時代おくれのオンボロ機〃になることをおそれる米海軍としては、将来性のあるグラマンFF－1を、いろいろな意味で育成しておきたかった。そこで、その偵察型もつくることを提示していたが、それがひきわたされたのは一九三二年八月二十日である。

偵察型は外形はほとんど変わらないが、燃料タンクを大きくして航続距離をのばし、エンジンも七〇〇馬力に換装されていた。

米海軍機には、前にもふれたように、戦闘機が急降下爆撃や偵察もかねるような用兵上の注文がつけられていたが、戦闘機をもとにして偵察、爆撃、雷撃の各用途に変化させるようになったのは、このグラマンFF－1がはじめてだった。

というのも、それが複座戦闘機つまり二人乗りという最初から手をくわえやすい余裕あるタイプで、さらに引き込み脚によってスピードがすぐれていたからだ。グラマンの先見の明と米海軍の戦術用兵の呼吸が、ぴったり一致していたことになる。

日本海軍はこのFF－1を昭和十年（一九三五年）に実験用として購入しながら、複座戦闘機というジャンルに疑問をもち、また引き込み脚機構を敬遠してしまったのは、やはり国民性の差だろうか（日本海軍名はグルマン複座戦闘機）。

FF－1を偵察兼戦闘機としたのが、カーチスやチャンス・ヴォートと競作して勝ったSF－1（三四機発注）であり、このエンジンをのちのF2F単座戦闘機とおなじスマートな

F2F−1

プラット・アンド・ホイットニーのエンジンにつけかえたのがＳＦ－２（一機を海軍へ、五二機を輸出）である。

　つまり、グラマンはＦＦ－１を基礎にして、しだいにその領域を広げはじめた。ＦＦ－１の量産第一号機は、一九三三年四月二十三日に海軍へひきわたされ、今日までの何万機というグラマン制

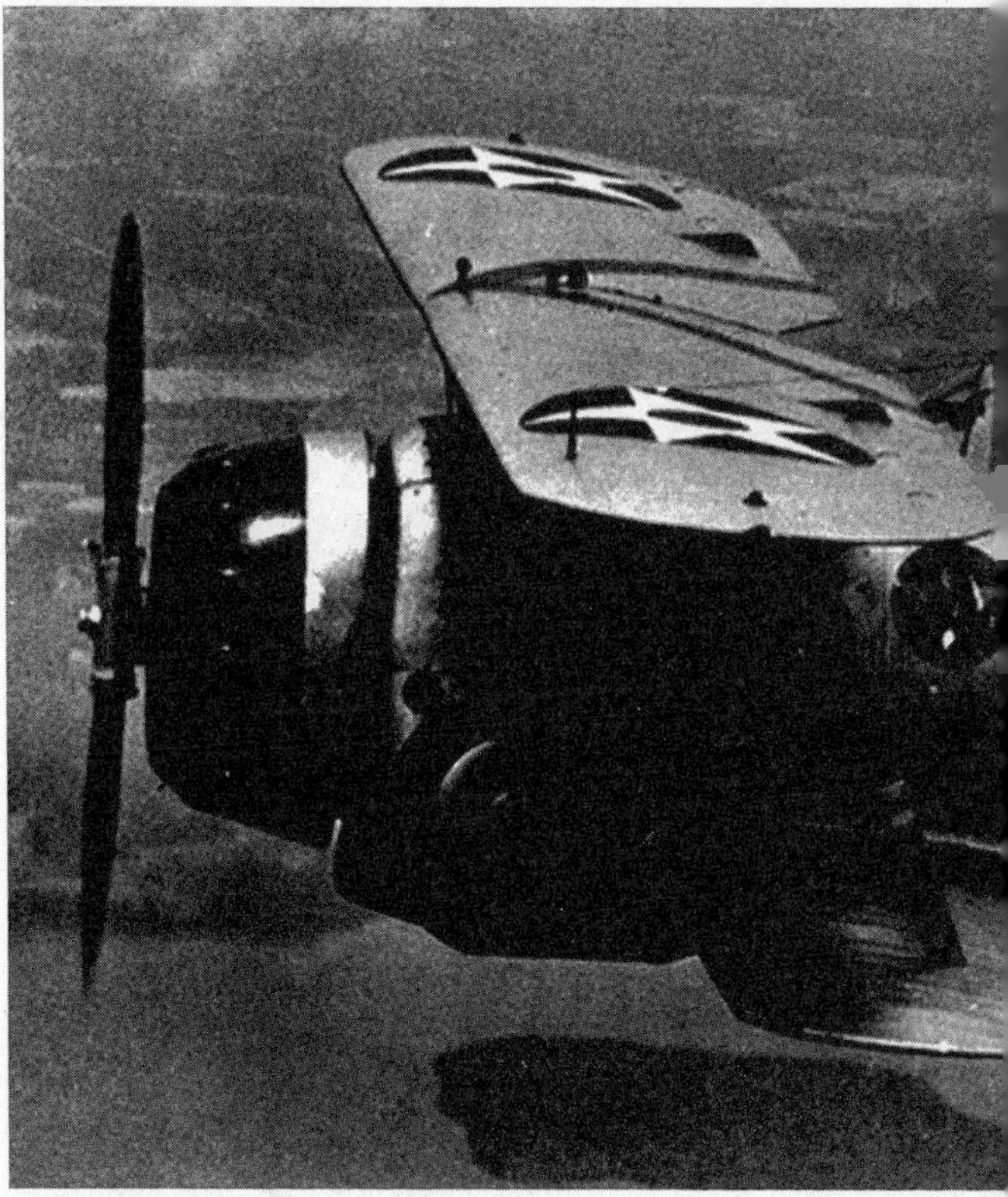

式機系列の栄《はえ》あるトップバッターとなっている。
なお、一九三二年十一月に、グラマン社は、ロングアイランドから二五キロほどにあるフェアチャイルド社の閉鎖されたファミングデール工場を入手し、本格的な量産態勢にはいった。また、ローニング水陸両用機の経験を生かして、SF－1の機体に「Bフロー

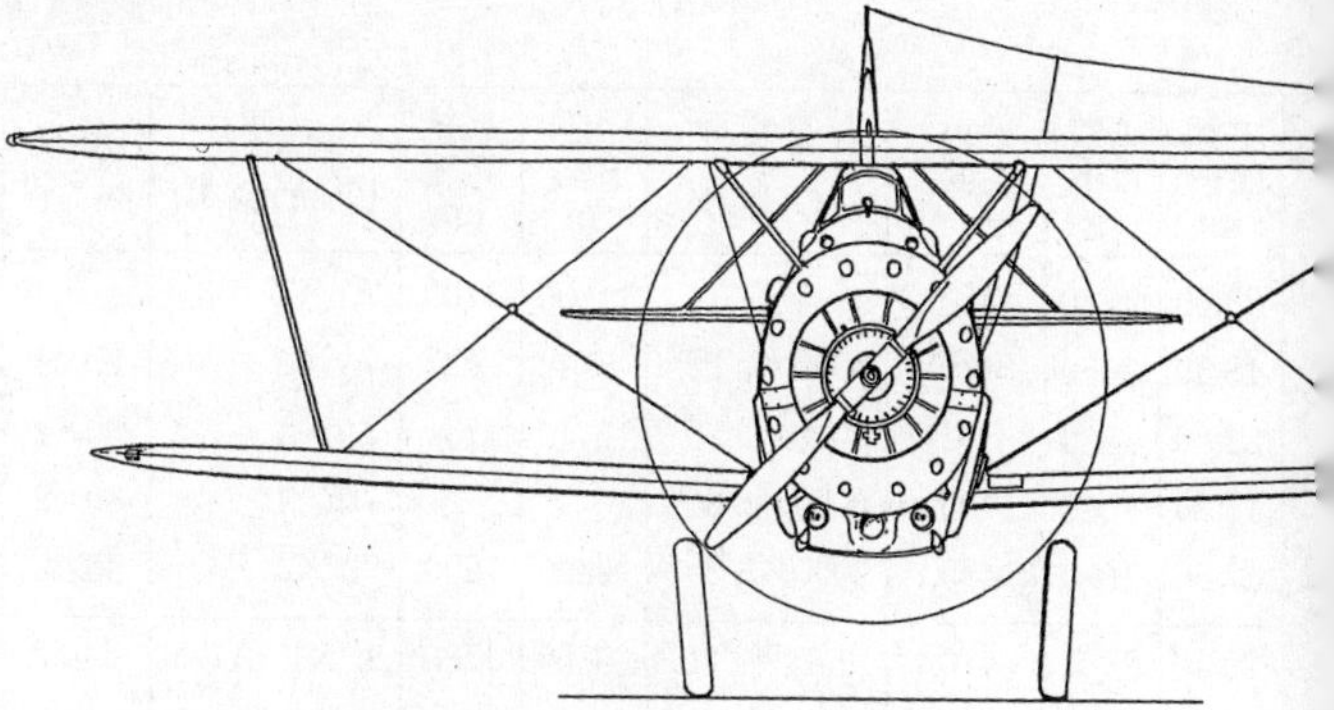

グラマンF2F-1

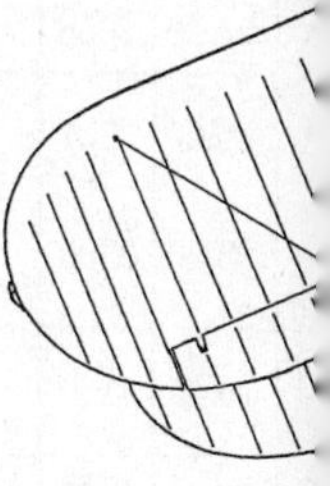

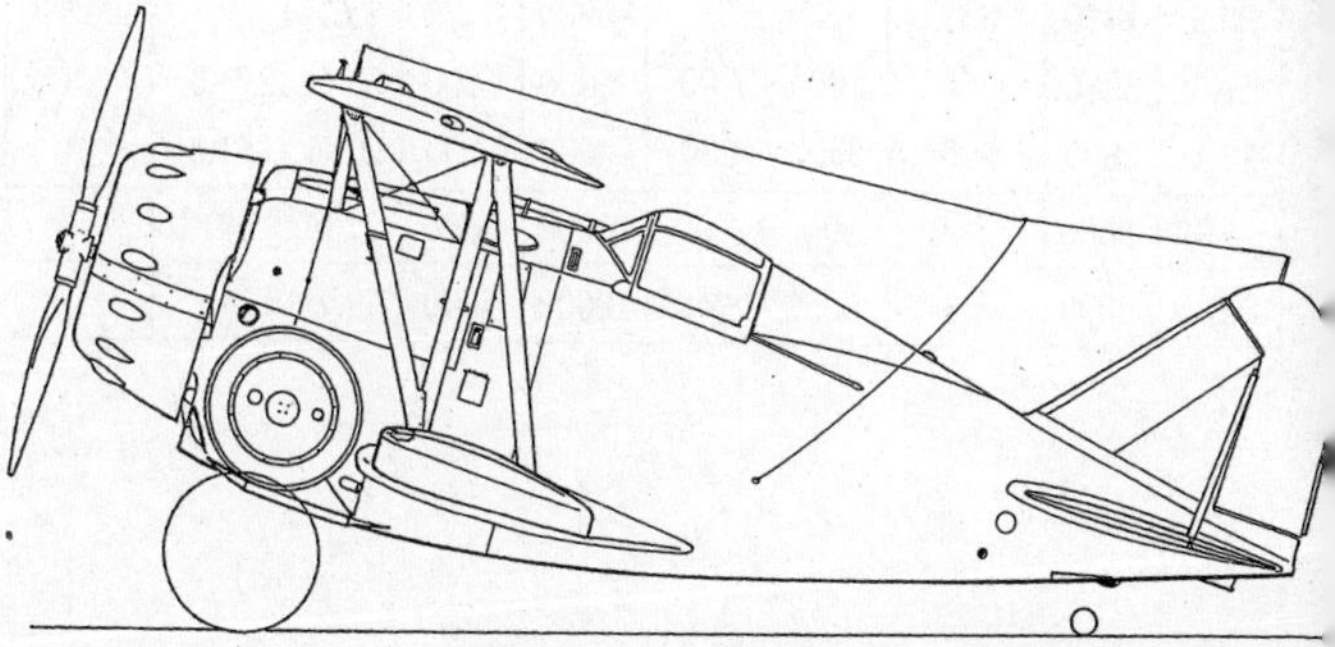

主翼面積 m²	全備重量 kg	最大速度 km／h	上昇時間 m／分′秒″	上昇限度 m	航続距離 km	機関銃 口径mm×梃	爆弾 kg×個
23.00	1740	400		11500	1100	7.7×2	
18.60	1650	470	5000／5′25″		627	7.7×2	25×4
22.80	1560	352	3000／3′30″	7740	730	7.7×2	30×2
17.80	1600	405	5000／8′30″			7.7×2	30×2
17.80	1670	435	3000／3′35″	9800	1200	7.7×2	30×2
20.40	2775	470	585／1′00″	9600	1530	7.7×1 12.7×3	160
21.95	2600	500	4600／5′00″	10300	1300	7.7×3 12.7×1	
19.40	3120	520	760／1′00″	10400	1630	12.7×4	
21.10	1417	302	5500／10′00″	8200	600	7.7×2	
24.20	2058	424	840／1′00″	10000	1580	7.7×1 12.7×1	50×2
30.00	2137	405	6000／9′30″	9900	700	7.7×4 7.7×4（旋回）	
23.20	3300	480					
16.40	2180	470	6000／9′50″	8500		7.9×2	
20.90	1420	361		10000	725	7.6×4	50×2
17.50	3280	560	5000／7′00″	9000	800	20×1 12.7×3	
12.15	2820	500	5000／4′30″	10000	700	20×1 7.6×2	
14.90	2680	515	5000／6′00″	10000	600	7.5×2 20×2	
22.40	2290	430	6000／8′40″	10000	1000	12.7×4	

1935年前後の列強戦闘機（第二次大戦前）

	機名	乗員	エンジン	最大出力 馬力	全幅 m	全長 m
日本	九五式Ⅱ型（キ-10）	1	ハ9	800	10.02	7.55
	九七式（キ-27）	1	ハ12	785	11.30	7.53
	九五式（A4N1）	1	光1	730	10.00	6.64
	九六式1号（A5M1）	1	寿2型改1	632	11.00	7.71
	九六式4号（A5M4）	1	寿4型	785	11.00	7.57
アメリカ	セバスキーP35A	1	P.W.R-1830-45	1050	10.70	8.10
	カーチスP36C	1	P.W.R-1830-17	1200	11.38	8.70
	ブリュースターF2A-1（1938年）	1	ライトR.-1820-34	940	10.67	7.80
	ボーイングF4B-4	1	P.W.R-1340-16	550	9.10	6.20
	グラマンF3F-3	1	ライトR-1820-22	950	9.80	7.10
イギリス	グロスター「グラジエーター」1	1	ブリストル・マーキューリー9	840	9.76	8.23
	ボールトン・ポール「デファイアント」1	2	ロールス・ロイス・マーリン3	1030	12.04	9.14
ドイツ	メッサーシュミットMe109B	1	ユンカース・ユモ210A	610	9.90	8.80
ソ連	ポリカルポフI-15	1	M25	700	9.15	6.30
	ラヴォチキンLa-3	1	クリモフM-105P	1100	9.80	8.90
	ヤコブレフYak-1	1	クリモフM-105P	1100	10.00	8.50
フランス	ブロッシュMB152	1	ノームローン14N25	1080	10.64	9.10
イタリア	フィアットCR42	1	フィアットA74	840	9.70	8.30

ト」をとりつけたXJF－1水陸両用偵察機、およびSF－2を基本として、いよいよ単座戦闘機XF2F－1の試作も開始した。

「空飛ぶタル」F2F戦闘機

水陸両用偵察機のほうはお手のものだから、すらすらとJF－1として採用され、一九三四年（昭和九年）四月十七日から海軍へひきわたされたが、新しい単座戦闘機は初飛行が一九三三年十一月で、翌年の春F2F－1として制式機になり、五四機発注された。

それは「空飛ぶタル」とニックネームをつけられたようにずんぐりとして、地上ではいささかユーモラスに見えたが、プラット・アンド・ホイットニー「ツインワスプ」六五〇馬力（離昇出力七〇〇馬力）という強力なエンジンを装着しており、車輪を胴側に収容するために、FF－1以来の涙滴《るいてき》型流線をさらに圧縮したようなスタイルになった。

その設計思想は、ちょうど一年半前の一九三二年九月、時速四七三・八キロの陸上機による速度記録を樹立した、ジー・ビー・スーパー・スポーツターという太っちょレーサー（日本を初空襲したドーリットルの操縦）にちかいが、それほどの過激さが感じられないのは、やはり複葉機のもつやわらか味とでもいおうか。

空中にあがって車輪をひっこめると、たちまち精悍なスタイルとなるF2Fは、実際に最高時速三七〇キロをだし、当時の日本の九五式艦戦（時速三五〇キロ）やイギリスのホーカー「ニムロッド」艦戦（時速三二〇キロ）をしのぎ、さらに自国のカーチスF11C－1、F

11C－2（ともに時速三二〇キロ）、ボーイングF4B－3、F4B－4（ともに時速三〇〇キロ）をはるかに上まわった。

こうして、三社併用とはいうものの、グラマン優位のうちに、制式F2F第一号機は、一九三五年一月二十八日に米海軍にひきわたされた。

アメリカ人好みの美しくハデにいろどられたF2F戦闘機が、各地の航空ショーや海軍のデモンストレーション飛行に参加すると、「これなら、もし太平洋にことが起きても……」と、アメリカ人の心をやすらげる効果をはたした。そして航空映画や雑誌の航空記事のスターー的存在となったが、ちょうどこのころ日本では、三菱の九試単座戦闘機（九六式艦上戦闘機の原型）がテスト中で、最高時速は、じつに四五〇キロを記録していた。

日米間の海軍航空のつばぜりあいは、まさに白熱化していたのである。

② F4F苦難の開発

F3Fで天下をとる

新興のグラマンに、艦上戦闘機のお株《かぶ》をうばわれそうになったカーチスとボーイングのライバル同士は、名誉にかけてまきかえしをはかろうとした。

後退気味のカーチス社のほうは、固定脚だったF11C－2をグラマン式の胴体側面引き込み車輪に改良し、F11C－3として追い打ちをはかった。車輪を鋼管による三点支持式とし、油圧でひきあげるタイプはグラマンの特許ではないから、もちろんつかってよい。

しかしF11C－3の場合、グラマンのように最初から引き込み脚として設計したのではないので、そこに多少のムリがあった。最高時速こそ三六〇キロとF2Fにちかかったが、運動性や実用性ではややおとったようである。

しかし、胴体を太くして車輪を収容したのではなく、胴体の前方側面だけをスカートのようにたらし、その外側へ車輪をはめこんだ。したがって、胴体底部の中央は、えぐりとられたようにくぼんでいるわけで、爆弾または増槽をだきこむのに都合がよかった。

このうまい空所利用のために、F11C－3は、のちのカーチス「ヘルダイバー」なみに、急降下爆撃を第一義とした準戦闘機――BF2C－1「ホーク」となって、一九三四年末からつかわれるようになった。

この機体を最後に、カーチス社は艦上戦闘機から手をひいて、観測機や「ヘルダイバー」、陸軍および輸出むけ戦闘機に力をいれるようになった。

いっぽうF4Bシリーズでカーチス社をしのいできたボーイング社も、戦闘機にまでおしよせてきた単葉型式に転換をはかり、陸軍用のP26低翼単葉戦闘機の製作をはじめた。と同時に、F4Bを片持ち脚（脚支柱を一本にしたもの）にしたXF6B－1と、低翼単葉のXF7B－1（引き込み脚ではない）を試作して海軍に提出したが、ともに採用にならず、艦戦づくりをあきらめてしまった。

ここにおいて、米海軍の艦上戦闘機は、グラマンF2Fが空母「レキシントン」「サラトガ」「レンジャー」の戦闘飛行隊に配属されて、ボーイングF4B、カーチスF11C両シリーズと順をおって交替し、つぎのグラマンF3F－1が出現するとともに、完全にグラマンの天下となってしまった。

このF3FというのはF2Fとおなじエンジンで、外観もほとんどかわらないが、サイズをわずかに大きくして運動性がよくなった。XF3F－1として完成したのは一九三五年春、初飛行したのは三月二十日だった。

その二日後、ファミングデールで急降下テスト中、おそらく時速七〇〇キロ前後になったのか、G（重力）がかかりすぎてそのまま墜落し、パイロットは死亡、さらに五月十三日にも、きりもみテスト中に回復不能となり、パイロットは脱出して無事だったが、機体はうしなわれた。

原型の二機までが、事故により墜落したことは、グラマンにとって大きなショックだったが、決定的な設計ミスではなく、八月一日には完全な原型三号機ができあがり、三週間後には五四機の契約をとりかわしている。

そして、その生産方法は、量産に都合のよい自動車組立方式を採用し、胴体に翼と尾部を手ぎわよくとりつけると、一週に五機の割合でテスト飛行に飛びたたせた。これは、当時としてはひじょうに革命的な出来事だった。

「グース」、世界を制覇する

さきのJF-1水陸両用複座哨戒偵察機のエンジンをライト「サイクロン」に換装したJF-2が沿岸警備隊用に発注され（一九三五年一月二日）、さらに、JF-3が海軍から契約をうける（同年九月二十四日）というように、JF系の需要は四七機もあったが、やはり「Bフロート」の威力は絶大だった。

そこで、これをさらに空母にもつかえるよう改良した、XJ2F-1という水陸両用哨戒機を一九三五年末に完成して採用となり、翌年三月からJ2F-1（ライト七五〇馬力、最高

グラマンJ2F−1ダック水陸両用観測機。

時速二九〇キロ）として生産にはいった。これは哨戒機の分野では他社の追随を許さず、ほとんど独占的になり、1型から6型（ライト一〇五〇馬力）まで製作された（合計三〇〇機生産）。

ドイツの再軍備宣言（一九三五年三月十六日）など、おりからの世界情勢の悪化で、このつかいよいJ2F系列は、対英武器援助として、カナダおよび英海軍にも「ダック」の名で供給され、活躍している。

また設計ナンバー21、つまり「G-21」と名づけられた双発（プラット・アンド・ホイットニー「ワスプ・ジュニア」四〇〇馬力二基）の水陸両用機は、「Bフロート」をそのまま艇体とした小型飛行艇だが、二人の乗員と六人の乗客をのせて、最高時速三二五キロをだし、飛行性能は抜群だった。

同機は一九三六年（昭和十一年）春に初飛行してから、民間商用機にもってこいだと注文が殺到し、F3FやF4F艦戦を生産するあいまに、三一八機もつくられた。有名なグラマンG-21A「グース」というの

グラマンJRF-5グース水陸両用飛行艇。

が、これである。

これを軍用にしない手はないと、陸軍むけにつくられたのをOA-9と称し、救難・連絡・輸送用につかわれた。また、海軍むけに試作したものがXJ3F-1で、これが発展してJRF系の原型、JRF-1となった。これは1型から6型まであり、海軍と沿岸警備隊用としてつかわれる一方、英空軍の「グース」1型、2型などになっている。

さらにG-21Bがオランダ、ポルトガル、カナダ、アルゼンチンにも輸出され、いろいろな目的で長く愛用された。

FF-1を偵察・戦闘機としたSF-1のことは前にのべたが、これをさらに艦上偵察・爆撃機としたXSBF-1が企画され、一九三六年一月に完成した。ちょうど「ヨークタウン」「エンタープライズ」の両新鋭空母が進水して、米海軍は、両艦に搭載する新型艦上爆撃機を求めていたのだ。

これに応じたのはグレートレークス(XB2G-

1）、グラマン（XSBF－1）、カーチス（XSBC－3）、ノースロップ（SBDの原型であるXBT－1）、ヴォート（XSB2U－1、XSB3U－1）、ブリュースター（XSBC－3）の七機種だったが、採用されたのはカーチスとヴォート（XSB2U－1）で、グラマンはテストの結果、落とされてしまった。

工場移転と拡張

社業の隆盛とともに、ファミングデールの工場もすっかりせまくなってきた。

「F3Fの発展型生産と、それにつづく新戦闘機の量産はどうするのか」

「もうこの工場も限界にちかづいた。人をふやそうにもふやせないね」

「ウワサによると、社長もひろくてい

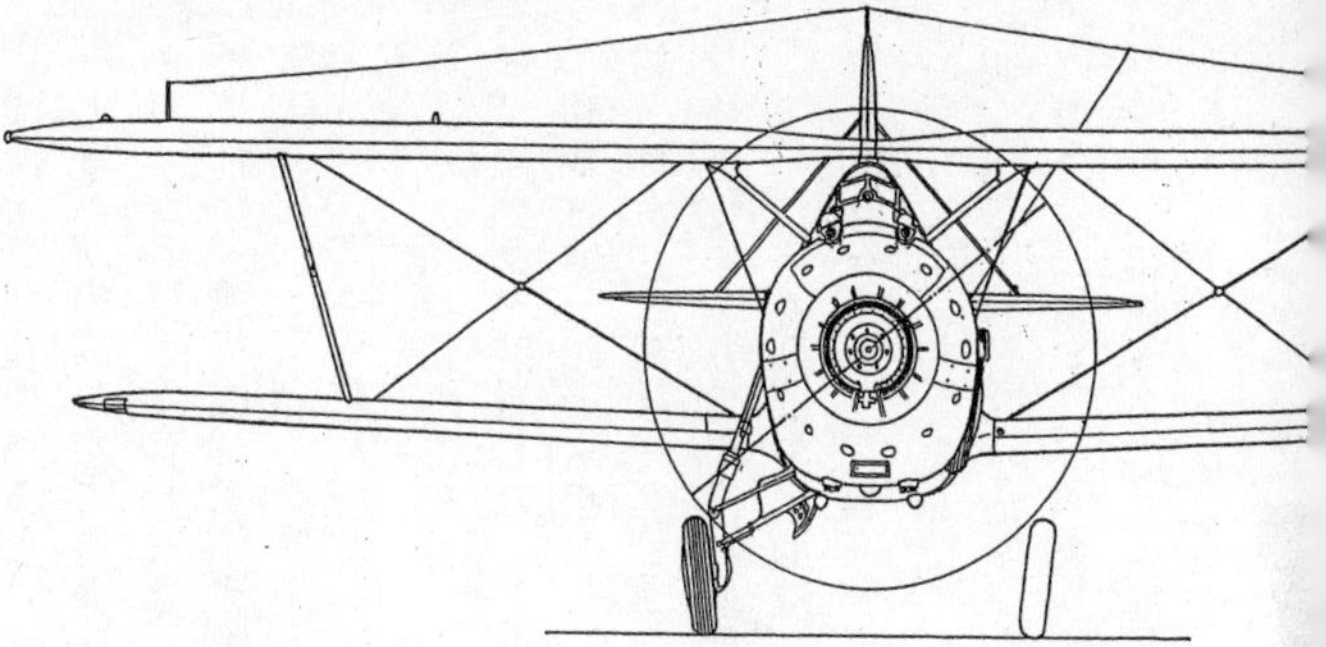

グラマンF3F-1

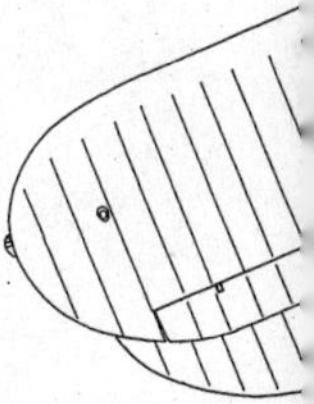

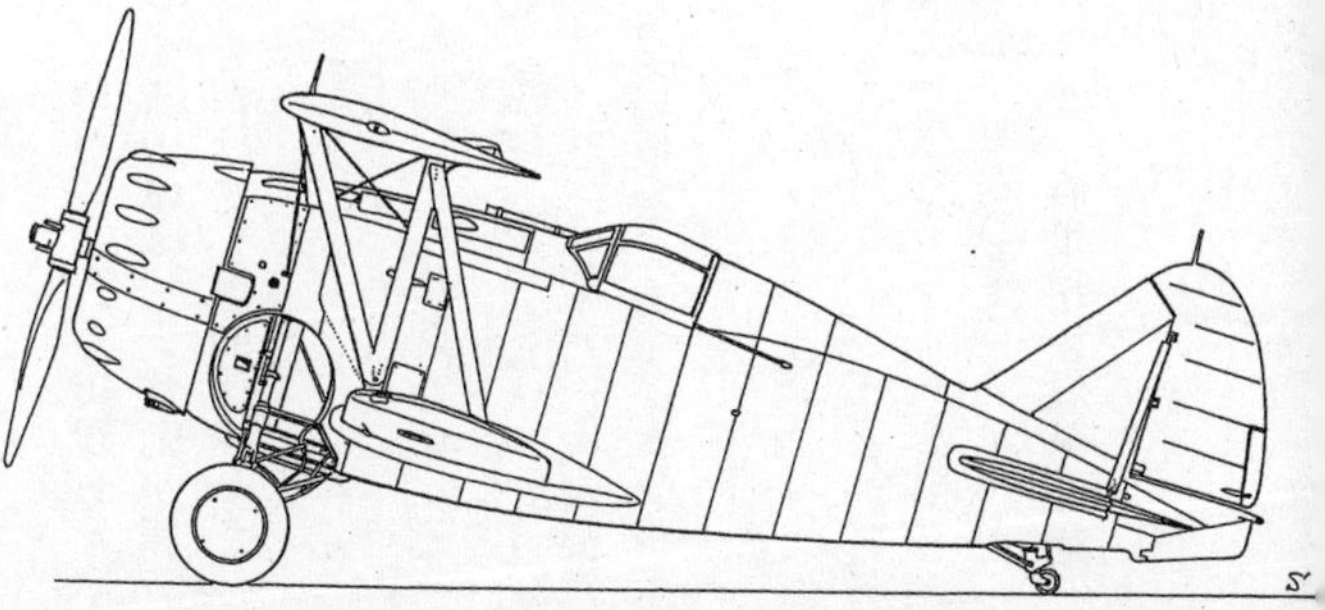

い場所をさがしているというが……」

F3Fが完成したころから、工員たちはこのようにささやきあっていた。それが実現したのは、一年ほどたった一九三六年四月で、すぐに広大なベスペイジの新工場へ、大移動が開始された。飛行機、工作機械、工具、備品、資料などは、約八ヵ月をかけて合理的にうつされた。

そうしたまっ最中に、F3F-1の改良が支障なくおこなわれ、エンジンをライトR-1820-22の九〇〇馬力（二速過給器つき）とし、ハミルトン・スタンダード可変ピッチ三翅プロペラを装置した、XF3F-2が生まれた。

初飛行は一九三六年七月二十七日で、翌一九三七年三月に、F3F-2として八一機が契約された。これは、グラマン複葉艦戦の単一の型としてはもっとも多い機数である。エンジンの強化により、最高時速は四二〇キロにアップされた。

このころの列国の戦闘機を、陸上用と艦載用の別なくながめてみると、イギリスのホーカー「ハリケーン」（最高時速五〇四キロ）、スーパーマリン「スピットファイア」（五六〇キロ）、ドイツのメッサーシュミットBf109（五〇〇キロ）、フランスのモラン・ソルニエMS406（四九〇キロ）、ソ連のI-16（四六〇キロ）、日本の九七式（陸軍、四六〇キロ）、九六式（海軍、四三〇キロ）、そしてアメリカのカーチスP36（五〇〇キロ）と、いずれも低翼単葉型で最高時速五〇〇キロ前後というラインにきている。

七年目の大ピンチ

しかしグラマン自身は、複葉戦闘機にまだ見きりをつけたくなかった。なぜなら、F2F、F3Fによる複葉ながらの高速化に自信をもち、また、単葉より寸法が小さいために、航空母艦に搭載する機数を少しでも多くできるからだった。

そこで、一九三五年暮れの次期新艦戦案は、やはりF3Fを全金属化した複葉のXF4F-1として、海軍当局へ提出しておいた。

ところが米海軍は、艦載戦闘機もそろそろ単葉型の引き込み脚式にきりかえるべきだと判断しはじめた。そしてそのころまだ有名でなかったブリュースター社の提案する、中翼単葉(前から見て胴体の中ほどから翼がのびている型式)引き込み脚艦戦XF2A-1に大きく食指を動かしたのである。

もちろんそこには、日本の単葉の九試単戦(九六式艦戦の原型)が、テスト飛行中に時速四五〇キロをだしたというスパイ情報も作用していた。

このようないきさつから、一九三六年三月二日、米海軍はグラマンとブリュースター両社にたいし、それぞれの機体の試作契約をむすんだが、グラマンにたいして暗に、「単葉型の設計を急いでは……」ともちかけていた。

にもかかわらずグラマンは、「まだまだ複葉機の性能は向上できる。もちろんそのうち、艦戦も単葉機の時代になるだろうが、それまでは、複葉戦闘機の可能性をとことん追求したい」と、かたくなだった。

ブリュースターXF2A-1戦闘機。

そこで米海軍もやむなく、グラマンのXF4F－1案をキャンセルし、ブリュースターのXF2A－1と、もう一つ提出されていた、やはり低翼単葉型のセバスキーXFN－1（陸軍用P35を海軍むけにした型）の試作契約をむすんだのである。

それは、一九三六年六月二十二日のことで、順風に帆《ほ》をはらんでいたグラマン社の、独立してから七年目にして迎えた最初のピンチだった。

追いうちかけるブリュースター

さてここで、グラマンをこのようなピンチへと追いこんだブリュースター社にも注目してみたい。

ブリュースター社は、もともと自動車のメーカーだったが、その片手間に、飛行場の一隅でローニングなど水上機用フロートの下請け業もやっていた。つまり、グラマンとおなじようなスタートだった。

まもなく、特別なアルミニウム製ボートの製作にも手をだしたが、けっきょくは海軍の練習機などの製作におちつき、グラマンの翼部分――おそらくFF－1系かJF系――の下請けも

セバスキーP35戦闘機(米陸軍)。

やっている。

こうみてくると、独自のフロートづくりから戦闘機の原型づくりに専心したグラマンとくらべて、もうひとつたりないものを感じるが、一九三四年になって新境地を開こうと、海軍の新艦上攻撃・爆撃機要求に応じた。

設計案を提出したのは、ノースロップ(XBT-1)、ダグラス(XTBD-1)など多数あったが、その中で、ブリュースターのXSBA-1が採用され、十月十五日に試作の発注をうけた。

試作一号機は、翌一九三五年四月十五日に完成したが、中翼単葉引き込み脚、全金属製の機体はなかなかスマートで、ちょっと見ると、パールハーバー攻撃の立役者、九七式艦上攻撃機(一九三七年、制式機に採用)を中翼にしたようなスタイルをしていた。

同機の最高時速は、はじめ三九〇キロだったが一九三七年、エンジンをライト九五〇馬力につけかえたところ、時速四二四キロにもたっした。これは、当時の急降下爆撃(兼雷撃)機の中でもっともスピードの速いものだった(日本の九七式艦攻は時速三七〇キロ、ドイツのユンカースJu87は時速四〇〇キロ）。

さらにXF2A－1単葉戦闘機の設計案も海軍に認められ、グラマンをおしのけて試作にはいったのは、ちょうどこの艦攻がテストをはじめたころだった。

ブリュースター社のデイトン・T・ブラウンとR・D・マッカート両技師が、快心の前作XSBA－1（採用後、生産は海軍航空工廠にひきつがれ、SBN－1と改称されて三〇機発注）をふまえて、自信をもって設計しただけに、XF2A－1（一九四〇年に「バッファッロー」の名がつけられた）にかける期待は相当なものがあった。

「これで、グラマンにとってかわり、艦戦のブリュースターになることができる。やっと下請け専門の汚名をそそげるぞ」

と、ブリュースター社のだれもが思ったにちがいない。

ところが、グラマンのまきかえしは意外にはやかった。ブリュースター社が試作発注をうけてからわずか一ヵ月あまりのち、七月二十八日には、もう新しい単葉型――XF4F－2の試作契約をとりつけていたのだ。もちろんそれは、F3Fの胴体の真横に翼を一枚つきさしたような、いかにもかっこうのよくない、ずんぐりした機体だった。

「単葉機のコンペチション（競争）にくいこむため、とりあえずこれでいくしかない。あとは順次手をくわえて、ブリュースターよりすぐれたものにそだてあげていこう」

という考えがグラマンの心底にあったのは、やむをえないことだった。

テスト飛行にあいつぐ事故

ブリュースター、セバスキー、グラマン三社の単葉型艦戦試作は、こうしてすすめられていったが、陸軍用から改作のセバスキー機はともかく、初飛行にもちこんだのは、先発のブリュースターよりグラマンのほうが三ヵ月以上はやく、一九三七年（昭和十二年）九月二日だった。

「零戦」の原型である十二試艦上戦闘機の計画要求が、海軍から三菱、中島の両社に提示されたのは、グラマン機初飛行の一ヵ月のち、十月五日だったから、この時点で、きたるべき日米開戦にそなえる新型戦闘機開発の出足は、アメリカ側が一歩先んじていたといえる。

このグラマンXF4F‐2が「ワイルドキャット」の原型となるのだが、プラット・アンド・ホイットニーXR‐1830‐66、九〇〇馬力空冷星型エンジンをそなえ、最高時速四六五キロというのは、当時の複葉戦闘機にくらべればかなりいいものの、単葉型としては、ややものたりなかった。

操縦舵面をのぞいて全金属製で、翼幅一〇・三七メートル、全長八・〇八メートル、主翼面積二一・五平方メートル、引き込み脚機構はF3Fとだいたいおなじで、火器としては機銃がまだ二梃だった。

テスト飛行の最初の部分は、さしたるトラブルもなくすすみ、十二月二十三日、アナコスティアの海軍航空テスト・センターに空輸された。

だが、その後のテストは、はじめグラマン自身が案じていたように、けっして順調とはい

グラマンのテスト・パイロット、ボブ・ホール(左)とコニー・コンバース。のちにF6Fもテスト飛行を行なった。

えなかった。

一九三八年（昭和十三年）二月四日、テスト・パイロットのボブ・ホールが飛行中、たぶん排気のスパークと思われる火災が発生して、危く緊急着陸するという事態がおきた。こうして、エンジン・トラブルがテストの進行をおくらせ、関係者のいらだちをさそううち、ついにどえらい事故をひきおこす結果となった。

それは四月十一日、フィラデルフィアにおける着艦テスト（空母甲板上でなく陸上の制限地着陸）中だった。エンジンが停止したため、海軍のパイロットが、ちかくの農場に荒っぽい着陸をおこなったところ、機体にひどい破損をこうむってしまった。すなわち、ベスペイジの本工場へもどして、全体的に修正しなければならないのだ。このためテストは、たっぷり二週間もおくれるハメになったのである。

社長の陣頭指揮で再起をはかる

ヨーロッパでは、ヒトラーがドイツ・オーストリアの併合を宣言、アジアでは、中華民国国民政府が南京に成立するなど、世界情勢は緊迫の度をくわえてきたとき、米海軍としてもこれ以上、次期戦闘機の機種決定をおくらせることはできなかった。

そこで四月の末、海軍は前記三種の単葉戦闘機のうち、ブリュースターXF2F－1の採用を決定した。セバスキーNF－1は低速であるのと、薄い主翼に機銃をつけることが困難なため、またグラマンXF4F－2はトラブルが多く、早急に改修することが不可能なため、ともに失格となった。

しかしグラマン機は、ブリュースター機より時速一六キロも速く、基本的にはすぐれた設計であることが認められ、エンジンその他を改良して再提出することを勧告された。

ブリュースター機は六月十一日、晴れてF2A－1として五四機発注され、エンジンもライトR－1820－34、九四〇馬力装備となってただちに生産にはいった。ブリュースターの得意や思うべしである。

この間、ルロイ・グラマンはF3F－2戦闘機の一機を複座自家用機に改造し、みずからこれを操縦してニューヨーク、ワシントン、フィラデルフィアへ、あるいは海軍基地へととびまわって直接交渉にあたった。一時的にせよ、ブリュースターに奪われた艦上戦闘機の主流の座を、ふたたびとりもどそうと社長の陣頭指揮となったわけで、XF4F－2をかならずものにしようという熱意のあらわれだった。

ブリュースターSB2Aバッカニア艦上爆撃機。

また海軍航空部内にも、かつてグラマンが海軍在職当時の同僚で、いまは重要ポストについているというケースがあって、何かと都合のよいこともあった。こうして四ヵ月後には、XF4F－2に大幅に手をくわえた改良案、XF4F－3の開発命令を、あらたに受けるまでにこぎつけたのである。

ブリュースター社のもたつき

いっぽう、ブリュースター社は、単葉型艦載機にかけた情熱と卓見にもかかわらず、しだいにもたついてきた。さきのSBA－1雷撃・攻撃機の海軍航空工廠における生産はひどく手間どり、一号機がひきわたされたのは、発注から二年以上たった一九四〇年十一月だった。そして三〇機のオーダー全部をこなしたのは、なんと一九四二年三月、つまり太平洋戦争がはじまってから四ヵ月後というありさまで、とうとう実戦部隊に配属されずにおわってしまっている。

このSBAを改良したSB2Aシリーズも、一九三九年

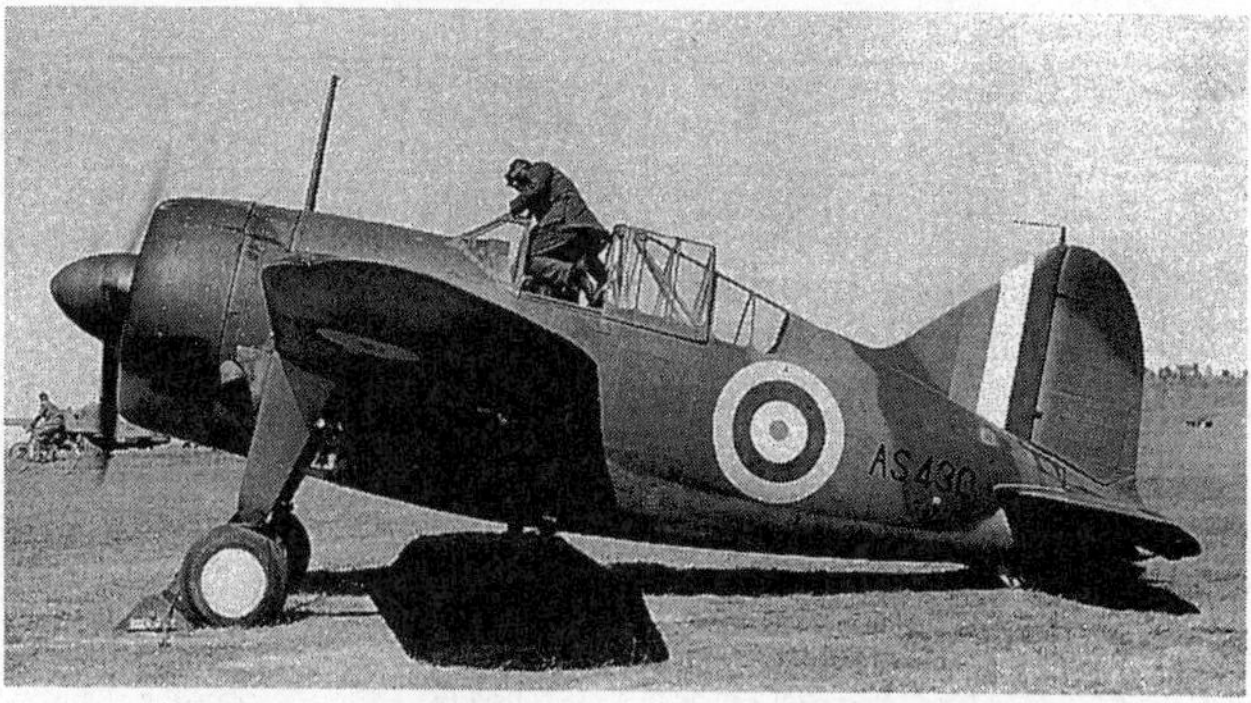

ブリュースターF2A-3バッファロー戦闘機(機体は英軍機)。

四月に発注されていらい生産は大幅におくれ、総計七五〇機がすべて完成したのは、太平洋戦争も後半の一九四四年五月だった。

「世界でもっとも速い艦上爆撃機」のうたい文句も、これではまったくかたなしだった。米海軍ではこれを「バッカニア」とよび、イギリスむけのものは「バーミューダ」と名づけられたが、いずれも実戦にはまったく登場していない。

グラマンXF4F-1をおさえて採用されたF2A-1にしても、初飛行から一年九ヵ月ちかくたって、ようやく一〇機が空母「サラトガ」の第3戦闘飛行隊にひきわたされたが、あとの四四機が対ソ紛争によりフィンランドに送られたため、米海軍用の改良F2A-2、およびF2A-3は、またまた大幅に生産がおくれてしまった。

これを陸軍用にして輸出型とした、いわゆるブリュースター「バッファロー」は、ベルギーに四〇機(ベルギー敗戦でイギリスに転送)、イギリスにむけて一七〇機、

主翼面積 m²	全備重量 kg	最大速度 km／h	上昇時間 m／分′秒″	上昇限度 m	航続距離 km	機関銃 口径mm×梃	爆弾 kg×個
21.50	2590	515	5000／6′20″	10500	2200	12.7×2	250×2
15.00	2715	605	5000／4′20″	10500	1400	7.7×2 12.7×2	100×2
20.00	2950	591	5000／5′31″	11600	1100	12.7×4	250×2
21.00	3890	624	5000／6′26″	10500	1600	12.7×2 20×2	250×2
20.00	3495	580	5000／6′00″	11000	2000	12.7×2 20×2	250×2
22.44	2410	509	6000／7′27″	10000	3500	7.7×2 20×2	60×2
21.30	2733	565	6000／7′01″	11740	1920	7.7×2 20×2	250×2
20.05	3440	612	6000／5′50″	11700	2520	20×4	60×2
23.50	3900	594	6000／7′50″	10760	1720	20×4	250×2
21.93	3780	605	790／1′00″	9000	1200	12.7×6	225×1
19.80	3625	620	960／1′00″	9600	1200	12.7×4 37×1	
30.42	7950	665	6100／7′00″	12180	3600	12.7×4 20×1	450×2
28.60	6610	704	6100／11′30″	12200	3170	12.7×8	450×2
21.92	4585	680	6100／6′30″	12160	3300	12.7×6	225×2
61.70	12220	560	7500／13′00″	10000	4800	12.7×4 20×4	450×2
24.20	2760	531	880／1′00″	8550	1850	12.7×4	45×2
31.00	5780	605	915／1′00″	11530	2880	12.7×6	450×2
22.66	4222	732	1980／1′00″	12895	3740	20×4	225×2
42.30	9815	687	1300／1′00″	11000	1620	12.7×4 20×4	900×1
29.20	5686	680	6100／6′48″	12670	1790	12.7×6	450×2
23.92	3530	546	6100／11′30″	9000	740	20×4	225×2
22.48	3402	657	6100／7′00″	12954	1800	7.7×4 20×2	225×1
22.48	3856	721	6100／6′40″	13564	1800	20×4	225×1 (450×1)
25.92	5030	648	4500／6′12″	10200	1600	20×4	450×2
28.21	6305	708	6100／5′36″	11278	1300	20×4	450×2
40.80	9707	646	4500／7′30″	11700	2800	20×4	900×1 (450×2)
16.40	2505	570	6000／7′12″	10500	670	7.9×2 23×1	250×1
16.20	3680	685	6000／6′00″	12600	1000	13×2 30×1	250×1
38.40	6700	584	5500／8′00″	12800	2100	7.9×6 20×2	
18.02	3895	611	6000／4′30″	11500	1300	7.9×2 20×4	250×1
15.00	1800	470	5000／6′30″	9600	650	7.9×4	30×2
17.50	3350	595	5000／5′00″	10000	700	20×2	100×2
14.90	3000	600	5000／4′30″	11000	820	12.7×2 20×1	
17.70	3285	560	5000／5′00″	11000	820	12.7×2 20×1	100×2
18.00	2470	520	5000／6′00″	9500	800	7.7×2 20×1	
15.98	2531	530	4000／3′58″	11000	1000	7.5×4 20×1	
18.25	2400	490	5000／5′12″	9500	700	12.7×2	
16.80	2200	506	6000／6′12″	10400	870	12.7×2	
16.80	3408	642	6000／6′12″	11000	880	12.7×2 20×1	160×2

1939年以降の列強戦闘機(第二次大戦下)

	機　　名	乗員	エ　ン　ジ　ン	最大出力 馬力	全幅 m	全長 m
日本	一式二型「隼」(キ-43-II)	1	ハ115(星型14気筒)	1130	10.84	8.92
	二式二型「鍾馗」(キ-44-II)	1	ハ109(星・14)	1520	9.45	8.84
	三式一型「飛燕」(キ-61-I)	1	ハ40(倒立V・12)	1175	12.00	8.75
	四式一型「疾風」(キ-84-I)	1	ハ45-25(星・18)	2000	11.24	9.92
	五式一型(キ-100-I)	1	ハ112(星・14)	1500	12.00	8.82
	零式二一型(A6M2)	1	栄12(星・9)	950	12.00	9.06
	零式五二型(A6M5)	1	栄21(星・14)	1130	11.00	9.12
	「雷電」二一型(J2M3)	1	火星13甲(星・14)	1820	10.80	9.70
	「紫電改」(N1K2-J)	1	誉21(星18)	2000	12.00	8.89
アメリカ	カーチスP40N「ウォーホーク」	1	アリソンV-1710-99	1125	11.36	10.16
	ベルP39Q「エアラコブラ」	1	アリソンV-1710-85	1200	10.36	9.19
	ロッキードP38L「ライトニング」	1	アリソンV-1710-111	1425×2	15.86	11.53
	リパブリックP47D「サンダーボルト」	1	P.W.R-2800-21	2350	12.43	11.00
	ノースアメリカンP51D「ムスタング」	1	パッカード・マーリンV-1650	1680	11.28	9.75
	ノースロップP61「ブラックウィドウ」	3	P.W.R-2800-10	2100×2	20.13	13.80
	グラマンF4F-3「ワイルドキャット」	1	P.W.R-1930	1200	11.60	8.50
	グラマンF6F-5「ヘルキャット」	1	P.W.R-2800-10W	2100	13.00	10.20
	グラマンF8F-2「ベアキャット」	1	P.W.R-2800-34W	2400	10.82	8.61
	グラマンF7F-3「タイガーキャット」	1	P.W.R-2800-22W	2100×2	15.70	13.80
	ヴォートF4U-4「コルセア」	1	P.W.R-2800	2100	12.48	10.27
イギリス	ホーカー「ハリケーン」2C	1	ロールス・ロイス・マーリン20	1185	12.19	9.45
	スーパーマリン「スピットファイア」9	1	ロールス・ロイス・マーリン60	1720	11.23	9.55
	スーパーマリン「スピットファイア」14	1	ロールス・ロイス・マーリン65	1720	11.23	9.55
	ホーカー「タイフーン」1B	1	ネピア・セイバー2A	2180	12.66	9.73
	ホーカー「テンペスト」2	1	ブリストル・ケンタウルス5	2520	12.50	10.49
	デハビランド「モスキート」NF-38	2	ロールス・ロイス・マーリン113	1430×2	16.52	12.55
ドイツ	メッサーシュミットMe109E	1	ダイムラー・ベンツ601A	1175	9.90	8.80
	メッサーシュミットMe109G	1	ダイムラー・ベンツ601D	1800	10.06	8.90
	メッサーシュミットMe110E	2	ダイムラー・ベンツ601N	1375×2	16.75	10.65
	フォッケ・ウルフFw190A	1	ベ・エム・ベー801	1560	10.49	8.94
ソ連	ポリカルポフI-16	1	M-25	750	8.92	6.22
	ラヴォチキンLa-5	1	M-82F	1640	9.83	8.66
	ヤコブレフYak-9	1	VK-105PF	1210	9.78	8.48
	ミコヤン・グレヴィッチMiG-3	1	AM-35A	1350	10.10	7.40
フランス	モラン・ソルニエMS406	1	イスパノ12Y-51	1100	10.70	8.00
	デヴォアチーヌD520	1	イスパノ12Y-29／51	1100	10.20	8.83
イタリア	フィアットG50「フレッチア」	1	フィアットA74-RC38	870	10.74	7.80
	マッキーMC200「サエッタ」	1	フィアットA74-RC38	870	10.58	8.12
	マッキーMC205「ヴェルトロ」	1	ダイムラー・ベンツ605A	1250	10.58	8.85

オランダに九二機つくられ、おもに極東配備となったが、太平洋戦争勃発とともに日本軍の矢面《やおもて》にたたされ、練達の日本陸海軍航空兵力の前にあえなくくずれさった。

その操縦性はそれほど悪いわけではなかったが、輸出先の防弾要求にこたえて重量がふえたり、引き込み脚のトラブルがあったり、他国人パイロットにあわなかったりして、「バッファロー」はさんざんだった。

しかし、何よりもいけなかったのは、ブリュースター社の創造力だけが先行した、生産力のともなわない、アンバランスな体質だ。

「飛行機を、とくに軍用機を設計して、それがすぐれていると認められ、多くを受注しても、きめられた日程内でその生産を消化し、さらに改良型の発展をおこなっていく能力がなければ、飛行機製造会社として不適格となり、国策にあわないとして落伍する運命にある。

ブリュースター社のこの非能率的体質は、海軍当局の不評をかって、ふたたび他のメーカーの機体を下請けして組み立てる仕事に追いやられていった。しかし、その先駆となった単葉型艦上機は、他のライバルによって大成されたのである。

複葉グラマンがピンチヒッター

ブリュースター社の生産能力に疑問をもった海軍は、いそぎグラマンの複葉F2Fシリーズと F3F-2の改良型F3F-3二七機を発注し、一九三八年十二月十六日にF3F-3一号機を受領した。翌一九三九年五月には、全機完成し、海軍および海兵隊の戦闘飛行中隊はグラマンのF2F、F3Fシリーズ一色となった。

F3F－3のエンジンは、2型とおなじライト「サイクロン」の二速過給器つき七五〇馬力（高度四五〇〇メートル）で、最高時速は四二五キロをだせた。ダイブのときの制限スピードは時速六七〇キロにおさえられ、空中分解の危険をふせいでいる。

操縦性は抜群によくなり、低速でもフラップをつかわずによい着艦ができた。また主脚は、手動クランクによってひき上げられ、車輪を胴体側面に収納した。火器は胴体前部左に三〇口径（七・七ミリ）、前部右に五〇口径（一二・七ミリ）のブローニング機銃をそなえ、プロペラ回転圏の間から同調発射する。また五〇キロ爆弾二個を両下翼につるすことができた。

当時としてはまことに結構な戦闘機なのだが、米海軍としては安心してもいられなかった。ドイツの航空兵力は日ごとに増大して、ヨーロッパ中を威圧しはじめ、また、極東の戦雲拡大とともに、日本海軍の勢力、とくに空母兵力が増強されつつあったのだ。

低翼単葉の九六艦戦が、卓絶した運動性をもって中国大陸上空で猛威をふるっているうちに、グラマンF4Fの開発よりずっと遅れて出発した十二試艦戦――「零戦」はテスト飛行に成功し、早くも戦線に登場しようとしていた。F2F、F3Fシリーズの複葉艦戦によるピンチヒッターでは、いささか心もとなかったにちがいない。

③「零戦」と対決して敗退

ものになったF4F－3

ドイツや日本の航空兵力が増強されていく中で、米海軍のあせりをやわらげたのは、グラマンのXF4F－2を改良した3型の短期完成だった。それは開発命令からわずか三ヵ月後で、初飛行は日本の「零戦」より一ヵ月半早い、一九三九年二月十二日だった。

3型はXF4F－2の胴体（脚をふくむ）をのこすだけで、主翼と尾翼はまったく新設計のものとなり、翼面積は二一・五平方メートルから二四・一平方メートルと大きくなっている。エンジンはプラット・アンド・ホイットニーのXR－1830－76「ツインワスプ」（二段二速過給器つき）一二〇〇馬力（離昇）で、2型とはくらべものにならないほどたくましくなった。

この戦闘機に「ワイルドキャット（山猫）」の名がつけられたのは一九四〇年十月一日のことだが、その後「ヘルキャット（化猫）」「ベアキャット（熊猫）」「トムキャット（雄

猫)」とつづくキャット・シリーズの元祖となっていることから、その改良成功はまさに、〝マタタビを与えられて生きかえったネコ〟という表現がぴったりするであろう。
　グラマン社と海軍による慎重なテストがすすめられ、原型の各部分に改修がほどこされたが、とくに操縦舵面とカウリング(エンジン・カバ

XF4F-2

ー）部分の改良、および高空における冷却の解決に力がそそがれた。九六式艦戦にみられるのとおなじような背ビレも、このときつけられている。

またバージニアのラングレイ航空研究所では、実物大模型による風洞実験もおこなわれた。

「操縦性はどうなったかね、ボブ」

「背ビレをつけて

XF4F-3

から、ぐんと良くなりましたよ。旋回半径も、F3Fよりは大きいが、思ったほどではありません」

「そうか。しかし複葉より操縦性がおとる分だけスピードですぐれていなければならんが、スピード・テストではどのくらいでたかな」

「五三〇キロまでは確実です。陸上用のホーカー『ハリケーン』と同等

ですよ」

「計算よりいいじゃないか。距離のほうは？」

「一四六〇キロで、燃料消費量をうまく調節すれば、もっとのびますよ」

テスト・パイロットのボブ・ホールに、矢つぎばやの質問をするグラマンの顔に安堵《あんど》の色がうかび、本採用まちがいなしの自信にあふれていた。

では、海軍の最高時速はテストでは、最高時速は高度六三〇〇メートルで五三七キロをだしており、また着艦性能も満足すべきものだった。

こうしてテスト開始から半年後の八月八日、まず五四機の契約をとりつけることに成功した。その一号機は一九四〇年(昭和十五年)二月に初飛行し、翌年末までに二八五機がひきわたされている。

はじめにのべたパールハーバー攻撃の時、エワ海兵隊基地で銃撃破壊されたF4Fも、じつはこの3型だったのである。

大戦勃発でイギリスへ急送

一九三九年九月三日、つまり制式機として採用されてからわずか一ヵ月後、ヨーロッパは第二次大戦に突入した。アメリカ合衆国は、連合国をたすけるための巨大な兵器庫の役割をはたすことになり、グラマン社もそれに応じて拡張をはじめた。

工員の数も七〇〇人から一挙に二倍、三倍とふやされていく。戦わざるをえなくなったフランス海軍が、建造中の空母「ジョッフル」と「パンルヴェ」(ともに一万八〇〇〇トン)二隻に搭載する艦戦としてF4Fに目をつけ、開戦直後に一〇〇機を発注してきたり、イギリスからの契約ももくろまれたからである。

フランスむけのものはG-36Aとよばれ、エンジンをライトR-1820-40「サイクロン」(一段二速過給器つき)一二〇〇馬力とし、無線などの装備や武装をフランス製にして、一九四〇年五月十一日に一号機が初飛行した。

ところがそれからまもなく、フランスはドイツに降伏してしまったので、G-36Aのうちの八一機がイギリスへふりむけられることになり、イギリス式装備にかえ「マートレット1」の名でひきわたされた。

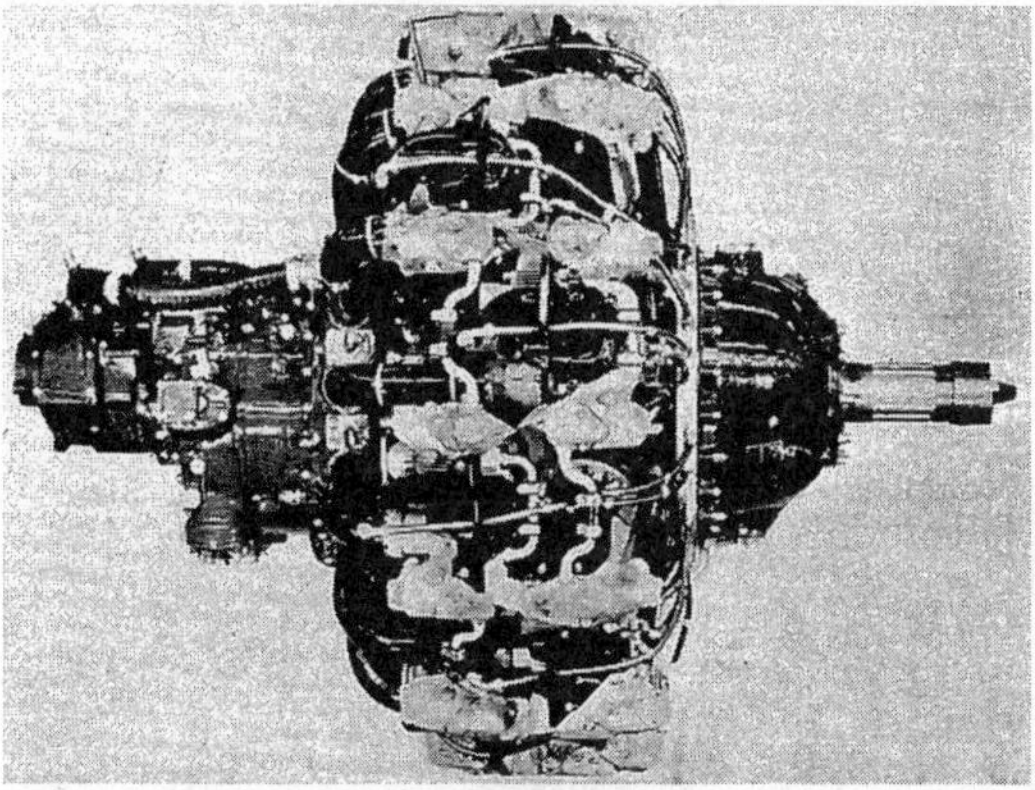

F4F-3に搭載されたP&W-R-1830エンジン。

このエンジンは、F4F-3の「ツインワスプ」よりもトラブルが少なく、とりあつかいも簡単だった。そこで、米海軍は、「サイクロン」装着のXF4F-5を二機と、もう一種R-1830-90「ツインワスプ」(二段二速過給器つき)装備のXF4F-6一機を試作させて、一九四〇年十一月から比較テストをしてみた。

その結果、6型のほうがすぐれていることがわかり、F4F-3Aとして六五機発注した。「性能もすばらしいし、量産用の機体だから、すぐにまにあうだろう」と、この機体にほれこんだのは、ドイツに押されて危機一髪のギリシャだった。

さっそく三〇機が発注され、特急の生産がはじめられたが、一九四一年四月二十三日にギリシャがド

イツに全面降伏したため、これまたイギリスにふりむけられ、「マートレット3」として使用された。
なおF4F-3のうちの一機がエド社の双フロートをつけて水上戦闘機とされ、一九四三年二月二十八日に初飛行していろいろテストされた。しかし、最高時速が三九〇キロ程度ではメリットも少なく、生産するま

F4F-3 ワイルドキャット 量産第1号機

でに至らなかった。

日本で「零戦」が単フロートをつけ、二式水上戦闘機に変身して大活躍をしたのは、占領地の飛行場建設がおそかったための苦肉の策といえるが、F4F-3の水上機型は、鈍重な双フロートのためにに出る幕をうしなってしまった。

F4F-3シリーズではまだ主翼が固定されていて、折りたたみ式にな

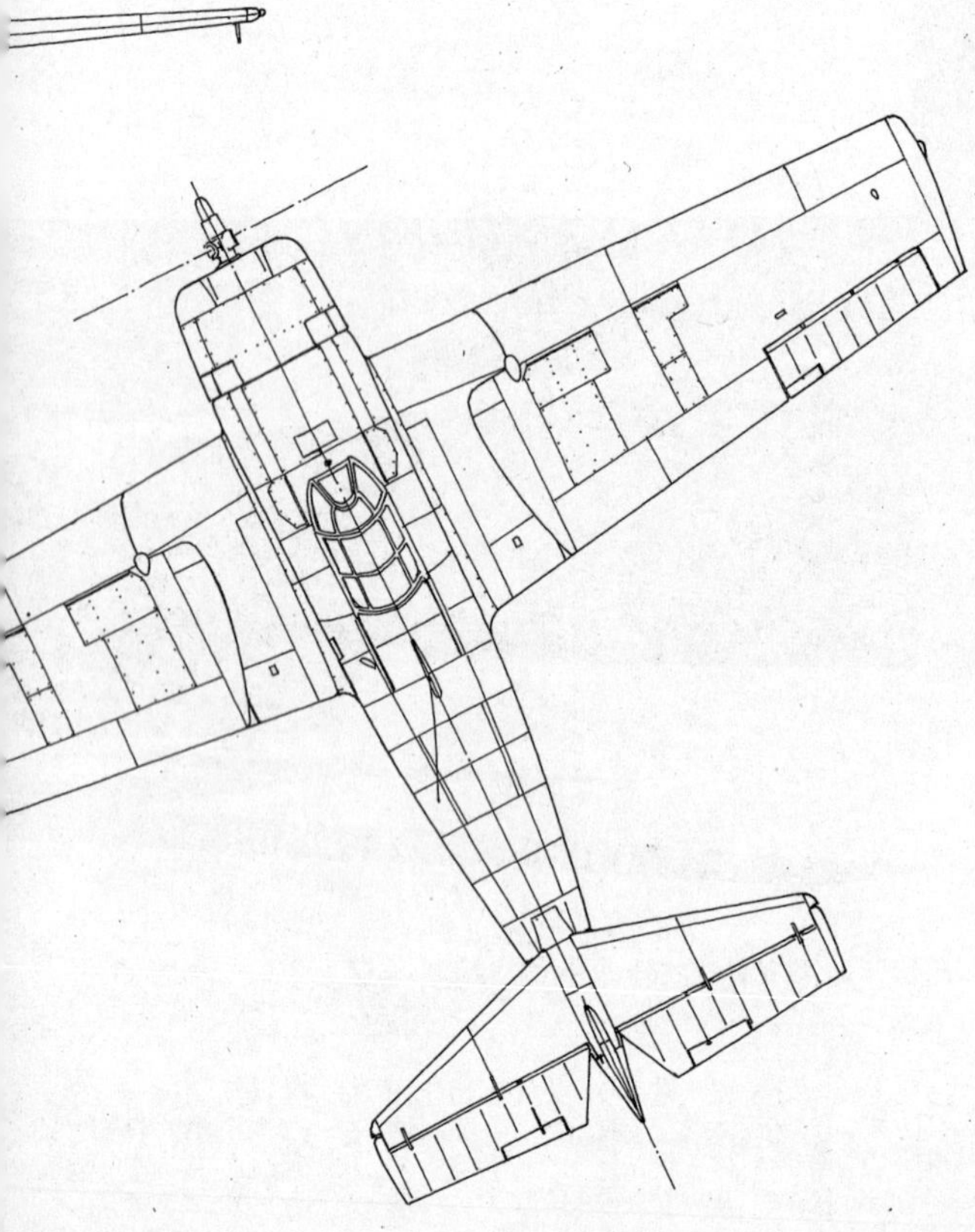

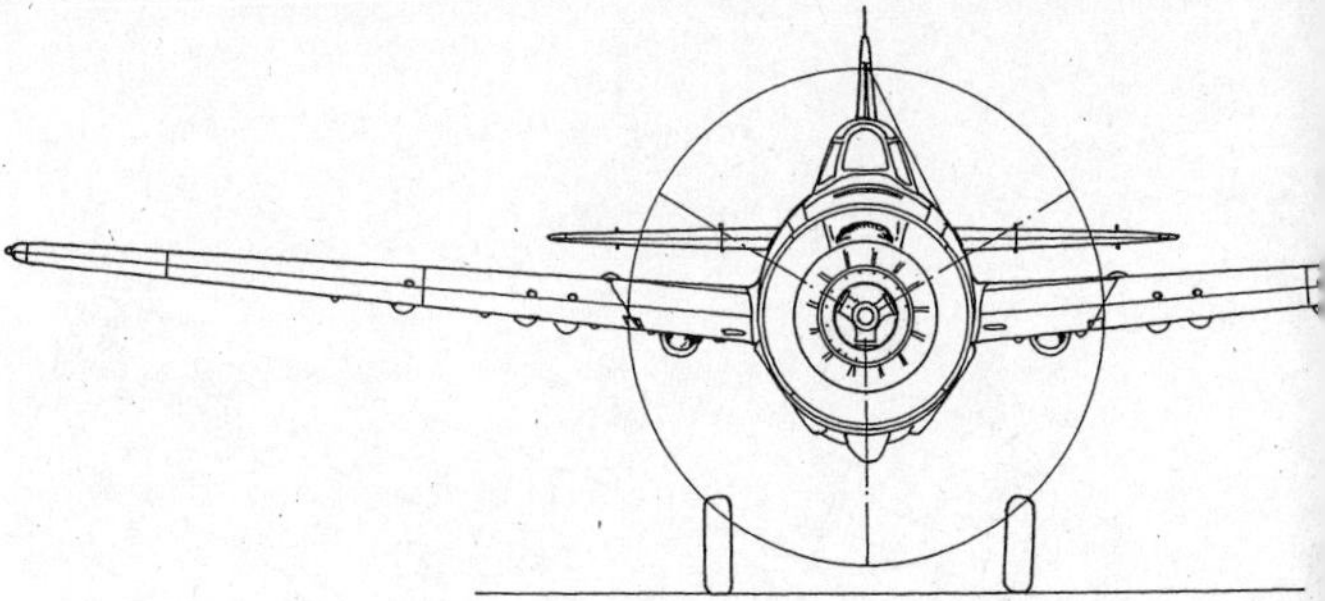

グラマンF4F－4ワイルドキャット

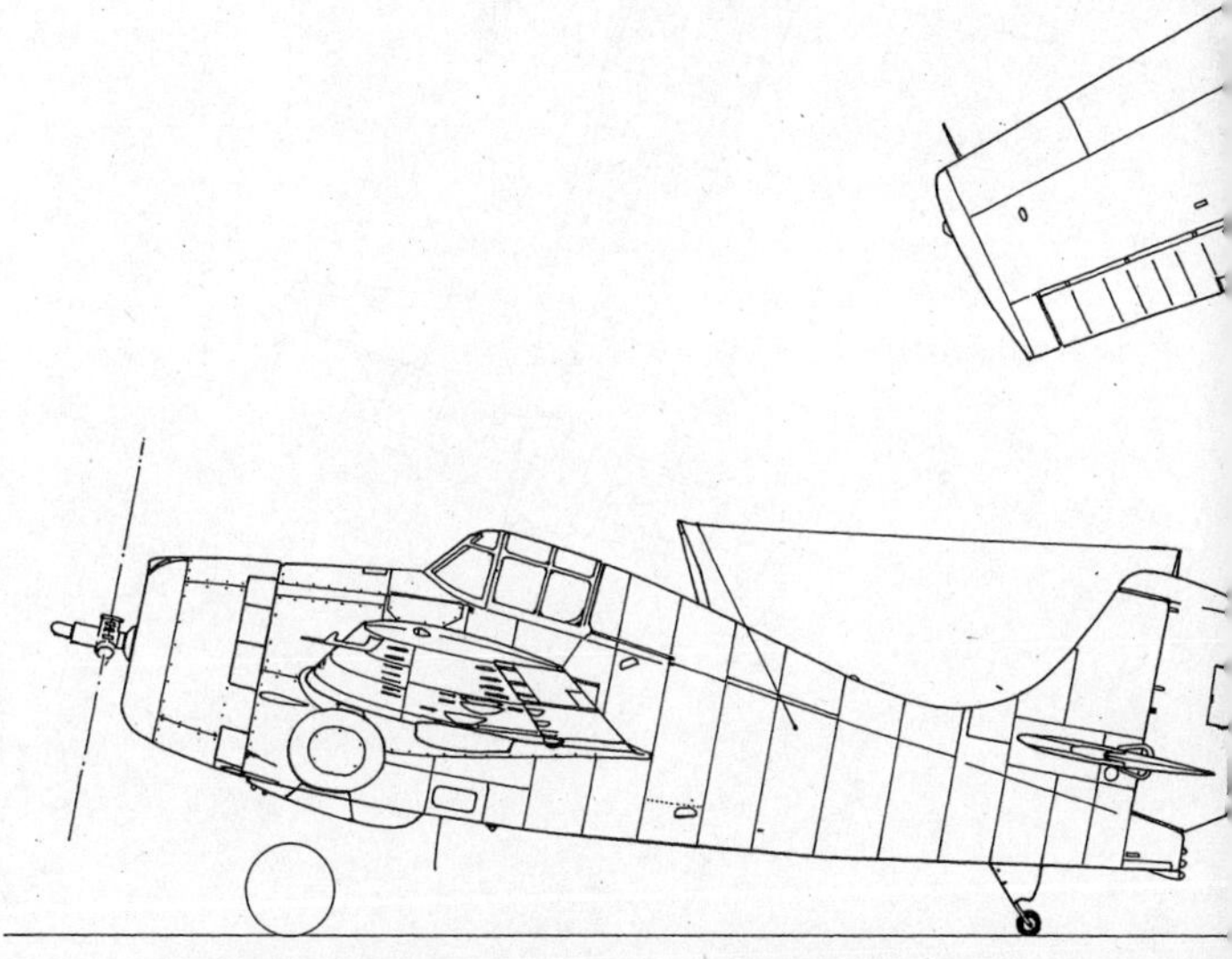

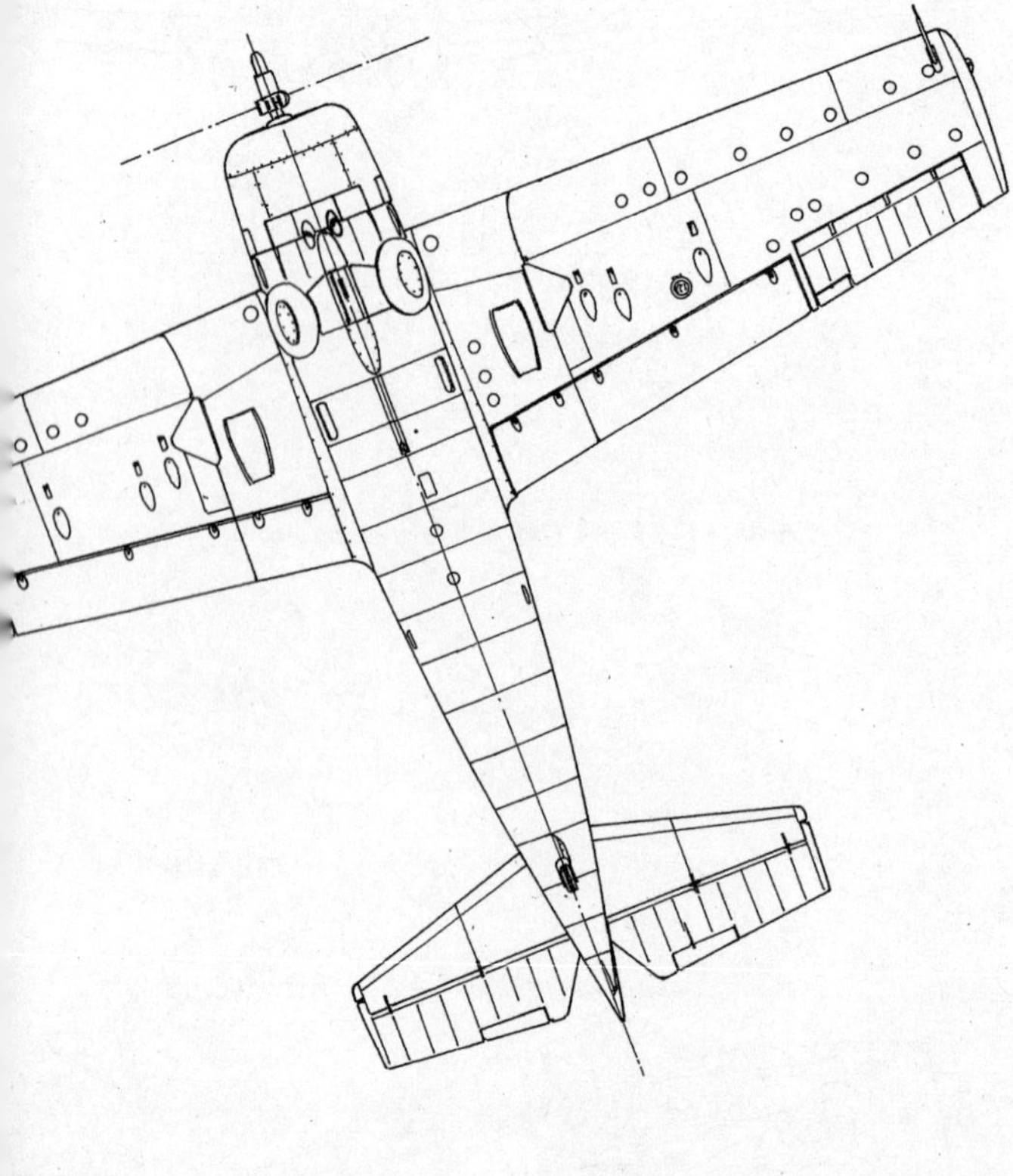

F4F-3S

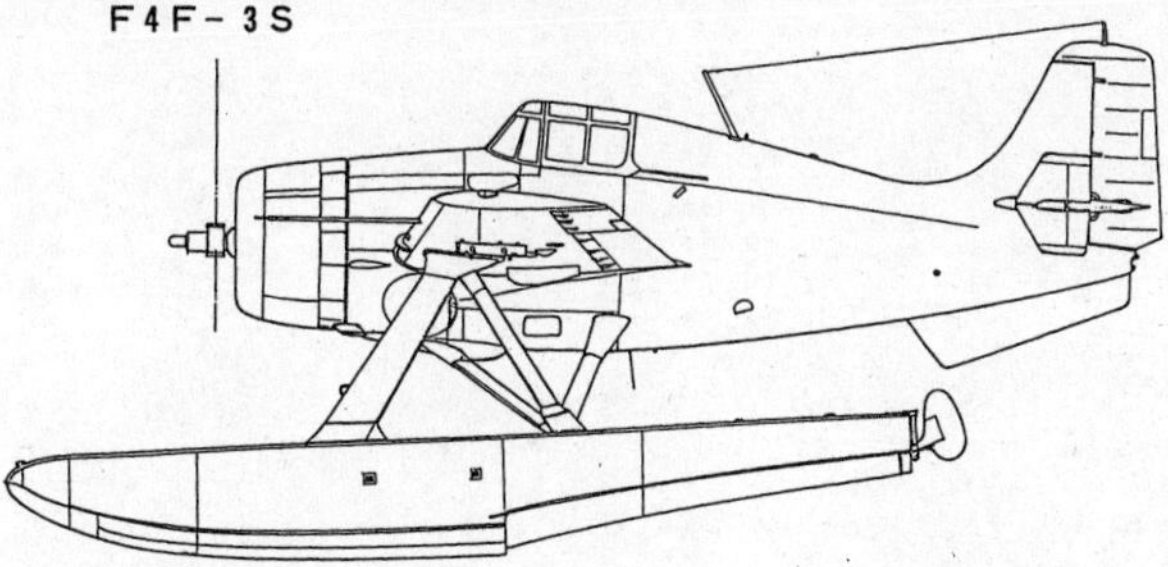

G-36A

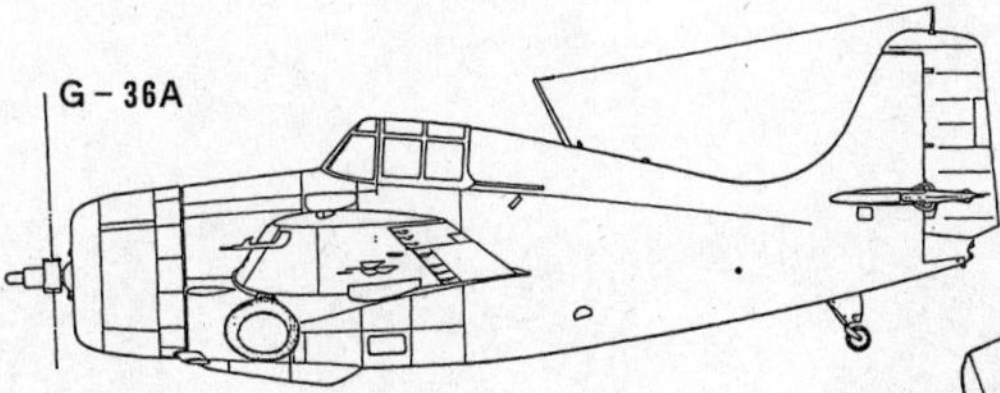

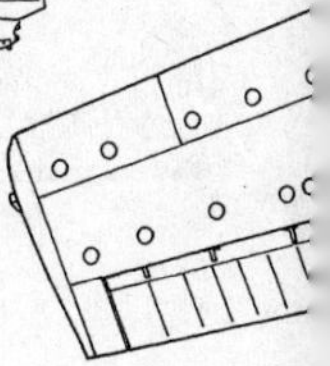

FM-2

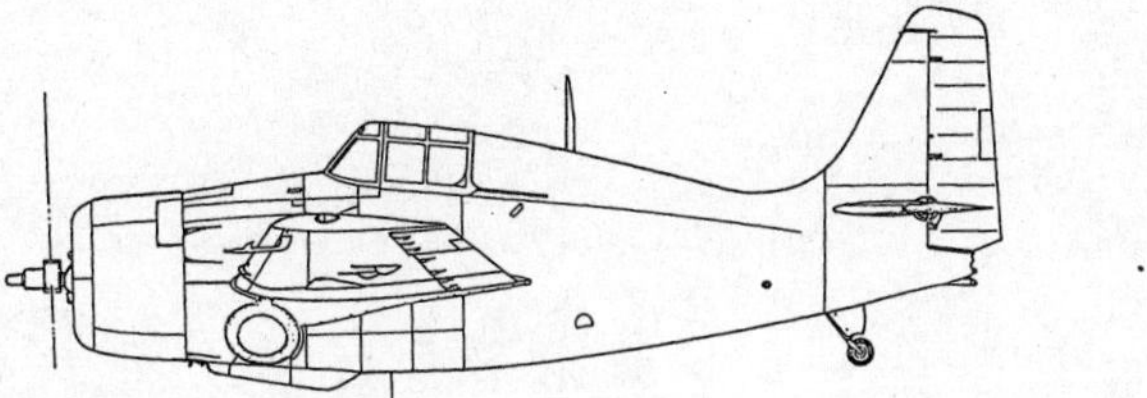

っていない。第二次大戦にまにあわせようと、開発と生産を急いだため で、武装も一二・七ミリ機銃四梃を主翼に装備しているだけだった。これでは艦載用として不便だし、火力も弱い。

そこで英海軍は、一九四〇年なかば、「主翼を折りたたみ式とし、一二・七ミリ機銃を六梃としたものを一〇〇機」という要求

F4F-3 マートレット

をだした。このG-36Bは要求どおり、主翼を後方折りたたみ式とし、エンジンもR-1830-90「ツインワスプ」になって、一九四一年三月からイギリスにひきわたされて、「マートレット2」として空母に搭載されて活躍している。

供給側のアメリカも、このG-36Bの好成績をみて、みずからの航空兵

F4F-4 ワイルドキャット

力にくわえることをきめた。

これがXF4F-4でエンジンをR-1830-86「ツインワスプ」一二〇〇馬力とし、プロペラをカーチス電気式、燃料タンクや操縦席《コックピット》まわりの防弾を強化している。

その初飛行は一九四一年四月十四日だから、ちょうどヨーロッパではドイツ軍がユーゴスラビア、ギリシ

ャへ進撃を開始したときであるし、アジアでは日本の軍事外交政策がゆきづまりをみせ、アメリカ、イギリスとの対決を検討しはじめたときである。

アメリカとしても、ちかい将来、参戦しなければならないという緊迫感に襲われていて、このXF4F-4の太平洋への投入を心待ちにしていたのだ。

戦訓を生かして性能アップ

風雲急を告げるとき、ただちに量産にはいったF4F－4は、一九四一年（昭和十六年）十二月、すなわち日本海軍のパールハーバー攻撃のころには、太平洋実戦部隊へ配備されはじめた。しかし援英用その他で自国むけ生産がおくれ、翌年中にようやく一一六九機がひきわたされている。太平洋戦争初期に、日本の「零戦」や「隼」と空戦をまじえたのは、F4F－3、F4F－3A、F4F－4がほとんどである。

このF4F－4は、主翼の折りたたみ装置が油圧式であったが、一九四一年五月におこなわれた空母「ヨークタウン」での実用テストの結果、人力でもじゅうぶんなことがわかり、手動式にかえられた。それで減少した重量を、防弾装置にふりむけられたわけで、性能を落とさずにすんだのである。

F4F－4のエンジンをライトR－1820－40「サイクロン」（G－36とおなじ）につけかえたF4F－4Bは、イギリスむけに二二〇機生産されて「マートレット4」とよばれ、護衛空母の「アーチャー」「バトラー」に積まれた。

こうして、グラマンF4Fは「マートレット」の名で4型までに四三〇機以上送られたことになるが、ヨーロッパ戦線でつかわれた戦訓をとりいれられることは、アメリカにとって大きな利点であった。

しかし、名にし負うドイツ空軍相手のものだから、なかなか要求は手きびしい。

「メッサーシュミットなどにくらべ、スピードがものたりない。せめて最高五五〇キロ以上ないと……」

「余剰馬力が少ないから上昇率がわるい。毎分九〇〇メートルくらい必要だ」（F４Fは約八〇〇メートル）

「火力不足だ。銃をふやすか携行弾数を増量してもらいたい」

など、感謝のことばの中に不満も訴えてくる。戦闘機の性能向上のためには、実戦の経験からだされる声はありがたいものだ。

米海軍としては、すでに一九三八年（昭和十三年）から「陸軍の機体におとらない強力戦闘機」を要望し、グラマン、ベル、ヴォートの三社が、この設計コンテストに参加していた。

この中で、ヴォートのF４U「コルセア」が、試作中のXR‐２８００「ダブルワスプ」空冷二重星型一八気筒一八五〇馬力エンジンをつけ、一九四〇年十月一日に平均時速六五二キロをだしたことから、もっとも期待されていた。ところが、着艦性能のほうがきわめて悪く、すぐにはものになりそうもない。

こうした情勢とテスト結果をにらみあわせて、米海軍はあらためてグラマン社にたいし、F４Fを発展させてそれを大幅に上まわる高性能の艦上戦闘機、XF６F‐１の試作にとりかかるよう、命令をだした――一九四一年六月三十日のことである。

GMでも生産されたF４F

F６Fについてはあとでくわしくふれるので、それが戦線に投入されるまで、太平洋、大西洋の守備をはたしたF4Fシリーズをまとめておこう。

F4F-7はF4F-4を長距離写真偵察機に改造したもので、一九四二年中に二一機製造された。これは主翼の折りたたみ装置と機銃をすべてとりはずし、そのスペースを利用して燃料タンクを増設した。また、胴体下部の燃料タンクの一部をさいて、カメラを設置した。

一九四一年十二月三十日の初飛行で、太平洋戦争開始直後ということもあって一〇〇機発注されたが、けっきょくは二一機でうちきられ、あとの七九機はF4F-3か4にもどされている。

最大航続距離は五九〇〇キロといわれるが、長距離飛行記録をつけていた陸軍兵が「これはまちがいだろう」とファイルから取り消したというエピソードがある。

最後にF4F-8があって、エンジンをライトR-1820-56「サイクロン」一三五〇馬力とし、垂直尾翼をやや高くしたものにあらため、フラップをスロッテッド（すきまつきの下げ翼）式とした。機銃を四梃にへらして機体を軽くしたため、上昇率や運動性、離着艦性能がよくなっている。これは二機試作され、一九四二年十一月八日に初飛行した。

この8型と4型が、F4Fシリーズの中で性能的にも用兵的にも、もっとも評価が高く、グラマン社でひきつづき量産されるはずだった。しかし、開発中のXF6F-3がミッドウェー海戦直後の一九四二年六月二十六日、早くも初飛行にこぎつけてその量産態勢に追われ、さらにTBF-1「アベンジャー」雷撃機やJF系水陸両用機の量産もあったため、それ以上はとてもムリだった。

ゼネラル・モーターズ社製のワイルドキャット、FM2。

そこで4型および8型の生産は、ゼネラル・モーターズ（GM）社のイースタン航空機部門でひきうけてもらうことになり、4型をFM－1、8型をFM－2と改称した。

FM－1も、4型の一二・七ミリ機銃六梃を四梃にへらし、そのかわり弾の数を一梃あたり二四〇発から四三〇発にふやして、射撃実効はかわりなくしている。一号機は一九四二年八月三十一日に初飛行し、米海軍に一〇六〇機、イギリスむけに「マートレット5」の名で三一二機つくられた。

FM－2は「ワイルドキャット」シリーズの中でもっとも多く生産された型で、一九四三年九月から米海軍に四四三七機、イギリスには三四〇機が「ワイルドキャット6」としてひきわたされた（一九四四年一月から、イギリスでも「マートレット」の呼称をやめ、「ワイルドキャット」に統一した）。

けっきょく、グラマンF4FとFMの「ワイルドキャット」シリーズは、試作原型をのぞいて六年間に総計七八九八機が生産され（五九二七機はゼネラル・モーターズ社製）、そのうち一〇八三機がイギリスにふりむけられたが、太平洋戦線で、はからずもライバルとなった日本の「零戦」、一式陸攻などとどのように戦い、どんな評価をうけたのだろうか。

ウェーキ上空で決死の空中戦

そのパールハーバーにおける運命的な出会いは、前にも書いたとおりだが、オアフ島基地のF4F－3は、第211海兵隊戦闘飛行隊（VMF211）に属していた。この飛行隊はウェーキ島の守備も兼ねていて、パールハーバー攻撃の四日前に、空母「エンタープライズ」がF4F－3を一二機、ウェーキへ補給していたのである。

そのうちの四機が、「パールハーバーが日本機に空襲されている」との急報で哨戒に飛びたったあとへ、三六機の日本爆撃隊が飛行場に襲いかかり、八機とも地上破壊してしまった（一機は修理可能）。

翌九日、クライワー、ハミルトン両隊員が、のこるF4Fでチームワークをとり、日本爆撃機を一機撃墜した。これがグラマンF4Fによる最初の敵機撃墜である。十日にはエルロッド大尉が二六機編隊中の二機を撃墜した。彼は翌十一日にも一〇〇ポンド爆弾を駆逐艦「如月」に命中させている。

この日、一〇回の出撃で二〇個の爆弾を落とし、日本軍にも損害をあたえたが、F4Fは一機をのこすだけとなった。

開戦直後、日本空母機の攻撃で破壊されたウェーキ島のF4F-3。

十二月十二日、日本の四発飛行艇（おそらく九七式飛行艇であろう）をザリン隊員が撃墜したが、それから一〇日間というもの、のこる一機から三機のグラマンＦ４Ｆを行動させるのに、必死の奮闘がつづけられた。二十二日には、日本の空母から発進した三三機の艦爆と六機の「零戦」を二機のＦ４Ｆでむかえうち、フリューラー大尉が「零戦」一機を撃墜した。

しかしＦ４Ｆもついに全滅し、守備隊も降伏することになるが、この二十二日に攻撃してきた日本海軍機というのは、ハワイを空襲した機動部隊（第一航空艦隊）のうち、第二航戦と第八戦隊（空母「飛龍」「蒼龍」、のべ一二〇機）が佐伯湾（大分県）への帰途におこなったものである。

「ワイルドキャット」のつぎの戦果は翌年二月一日、マーシャル群島のタロ基地攻撃のときで、迎撃してきた日本戦闘機二機を破壊した（倉兼《くらがね》大尉機と阿武飛曹長機で、阿武機は補助翼をＦ４Ｆの尾翼に接触させ不時着した）。

このあとの三ヵ月間は、日本がすでに占領した南洋諸島にたいして、空母からの攻撃に参加するか、有名なドーリットルの東京空襲（四月十八日）まで、空母「ホーネット」（B25搭載艦）を側面的に援護する役割が、「ワイルドキャット」にあたえられた。

ラバウル攻撃を急げ

しかし、もっとも急がなければならなかったのは、一月二十三日に占領されたニューブリテン島のラバウルを攻撃することで、日本軍が太平洋上ににらみをきかす要石《かなめ》をたたけば、アメリカの反撃に時間的余裕をもたらすことになるからだった。

この冒険的計画をになうことになったのが、空母「レキシントン」である。開戦当日、パールハーバーからミッドウェー島にむけてF４Fを輸送中で、オアフ島から西へわずか六五〇キロのところを航行していた。

緊急電で防空態勢をとったが、日本機動部隊を発見できず、また発見もされなかった。もしこのときどちらかが捕捉していたら、太平洋戦争のなりゆきは少しかわっていたかもしれない。

二月十五日にはシンガポールが陥落し、オランダ領東インドにもつぎつぎと日本軍の上陸がはじまり、もう一刻の猶予も許されない情勢だった。「レキシントン」と四隻の巡洋艦、一〇隻の駆逐艦からなる米機動部隊は、ギルバート、ソロモン両諸島にそって南下し、二月二十日、ニューブリテン島とニューアイルランド島間のセント・ジョージ海峡にさしかかった。

もちろん、日本軍の勢力圏内でのこの行動は、日本軍索敵機（九七式飛行艇三機）につけられる結果となり、ここに両軍攻防の火ぶたが切っておとされたのである。

オヘア大尉、四分間で五機撃墜

「レキシントン」には、第3戦闘飛行隊（VF3）のグラマンF4F－3「ワイルドキャット」二一機が搭載されており、飛行隊長はジョン・S・サッチ少佐であった。彼は太平洋戦争をつうじて七機撃墜のエースで、また「ワイルドキャット」二機を一単位として行動し、敵機との空戦時には、かならずその二機のうちいずれかが後尾をまもるという〝サッチ・ウィーブ〟戦法をとったことで有名だ。

このサッチ少佐のひきいる第1小隊六機が、午後四時ごろ母艦上空を哨戒していると、西方二〇キロ、高度三六〇〇メートルのところを飛行中の一式陸攻九機を発見した。

さっそく「レキシントン」は迎撃態勢にはいり、さらに第2小隊六機を発艦させた。一二機のF4Fは、九機の一式陸攻に襲いかかり、三機を撃墜した。

「レキシントン」のレーダーには、さらに第二波九機の双発攻撃機の機影がうつる。第一波ののこり六機のうち、さらに対空砲火で二機を落とし、四機が機首をひるがえした。これを第2小隊の六機が追う。第1小隊の六機は燃料ものこり少なくなり、母艦の直衛にまわった。

第3小隊の小隊長エドワード・H・オヘア大尉は、ペアを組むポール・カントウェル少尉をともなって、午後四時四十分に発艦した。

「おれたち二人の〝サッチ・ウィーブ〟で、第1小隊と三番機以下の間をつなごう。とにかく、敵の第二波がすぐちかづいているんだから……」

と急上昇していると、西前方二〇キロあたりに、日本の九機編隊を発見した。さっそく一二・七ミリ機銃四梃の試射をしていると、カントウェル少尉から、

「機銃故障！」

との無線連絡である。

「よし、母艦へひきかえせ」

と叫ぶと、いまは「レキシントン」にむけて、緩降下攻撃姿勢にはいってきた日本の第二次攻撃隊九機に、ただ一機で飛びこんでいった。

この攻撃機——一式陸攻（G4M1）は、ラバウル基地の四空に属するもので、初期の機体であったために、防弾装置がなっていなかった。援護戦闘機もなく攻撃してくることは、自殺行為にひとしかったといってよい。

さらに魚雷がまにあわないので、五〇〇キロの陸上用爆弾をかかえて、重々しく目標上空にまでたっしなければならなかった。

しかし単機のオヘア大尉は、合計、じつに三六梃の後方機銃と対決するのである。もし、ヘタな攻撃方法をとれば、先に撃墜されてしまうかもしれない。

そこで彼は、最後尾の一式陸攻に六〇メートルまでせまり、みじかい一連射をあたえると曳光弾《えいこうだん》が右エンジンに命中、たちまち燃えひろがって墜落していった。つづいて右翼機にねらいをさだめ、照準器いっぱいになったとき発射ボタンをおすと、右エンジンが爆発し、空中分解しながら落ちていく。

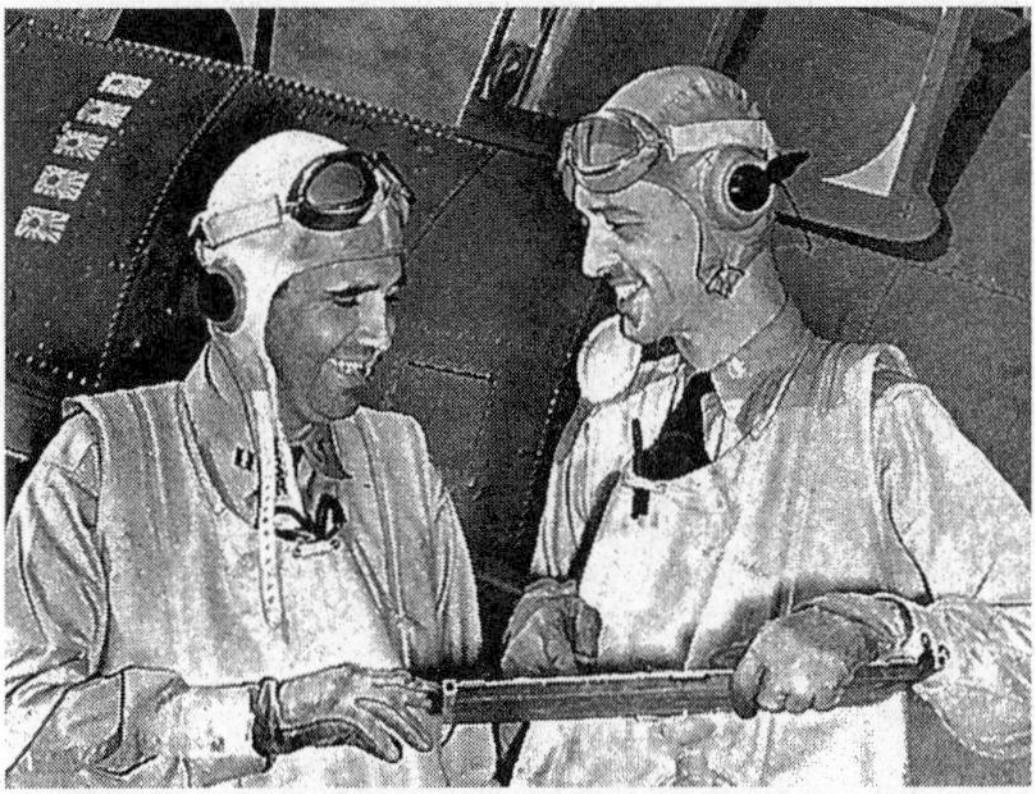

零戦との有効なワイルドキャットの空戦法を編みだしたジョン・S・サッチ少佐(右)とエドワード・H・オヘア大尉。

「こいつはエンジンがウィーク・ポイントだな!」

オヘア大尉はこうさとると、三機目もおなじ戦法をとって、ソロモンの海へ葬《ほうむ》った。さらに四機目は先頭の指揮官機をねらい。はげしい後方機銃の洗礼を浴びながら一連射をかけた。彼が急上昇するのと、指揮官機がオレンジ色の炎をひいて横転し、くるくる落ちるのと同時だった。

もう「レキシントン」は目の前である。反転して、のこる最後尾一機にぐんぐんせまった。いま五機が水平爆撃にいどもうとしている。もし一発でも飛行甲板にあたれば損害は大きい。しかし、五機よりも四機のほうが確率はぐっとへる。

「絶対にこれをおとすぞ!」

心臓を高鳴らせて彼は連射した。一式陸攻は白煙をふいてスピードをなくし、きりもみにはいっていく。これまでの空戦時間は、わずか四分間であった。

のこる四機の一式陸攻は、それでも隊形をくずさず、おちついて爆撃進入コースにはいり、「レキシントン」にそれぞれ五〇〇キロ爆弾を投下した。オヘアはそれをはばもうと四機にむけて、腰だめの射弾をおくったが、ついに撃ちつくしてしまった。

「レキシントン」のシャーマン艦長は、落ちてくる弾道をみきわめて左に急変針させ、命中を回避している。

この「レキシントン」を救ったエドワード・H・オヘア大尉の英雄的で頭脳的な行動は、それまで押されつづけだったアメリカ軍の士気を鼓舞するのに大いに役立つものであった。彼は太平洋戦争における米海軍初のエースとなり、議会名誉勲章をさずけられたのである。

隊長のサッチ少佐も、つぎのようにのべている。

「彼の、日本攻撃機からの集中砲火を避けるタイミングのとり方はすばらしく、また射撃は一機を撃墜するのにわずか六〇発（一銃あたり）くらいしか必要としないほど、正確そのものであった。かぎられた弾で正確な射撃をできるパイロットは、彼が最初にして最後だろう」

たしかにこの戦闘は、オヘアの技術とカンおよびグラマンF4F-3「ワイルドキャット」というコンビネーションのたまものといえる。しかし日本の一式陸攻は、このとき以来〝ワン・ショット・ライター〟のニックネームをつけられたように、燃料タンクの防弾、搭乗員の保護にまったく注意をはらわない裸同然の機体であったことが、ラバウルの二・二〇の悲劇を招いたのだった。

これは、日本とアメリカの用兵思想と航空技術の差を見せつけられた事件である。

グラマン最高の晴れ姿

ルロイ・グラマンはソフトボールが好きで、バレイ・ストリーム工場時代にはチームを編成して、かなり活況だった。さらにベスペイジ工場へ移ってからは、これにボウリングもくわわって、グラマン社の重要な生活の一部になった。

もちろん戦時中もつづけられ、グラマン競技協会が設立されて、プログラムの編成からリーグの構成、スポーツ活動の管理までおこなっている。〝グラマン一家〟といわれるチームワークのよさは、こうしたところにも根ざしていたわけだ。

そのほか、ランチタイムにおこなっていた同好者によるバンドが大きくなって、「グラマネヤーズ」というオーケストラとなり、ジャズ演奏会やスイング演奏会、定期的なダンス・パーティーを開催するようになった。会場兼カフェテリア（食堂）は、一九四二年三月十六日にオープンした。

「レキシントン」のエースでありヒーローであるオヘア大尉は、四月二十一日に本国に帰還し、ルーズベルト大統領から名誉勲章を授与されたが、五月に愛機F４Fを生み出したグラマン社をおとずれ、このカフェテリアで社員たちと親しく懇談している。

一九四二年四月十六日、ルロイ・グラマンは海軍の〝E〟すなわち〝エクセレンス・イン・プロダクション（優秀なる生産）〟にたいする名誉を正式にあたえられた。

それは〝E〟旗といわれるもので、ベスペイジ工場の正面にずらりとならぶ名士の前で、海軍次官のジェームズ・V・フォレスタル（のちの国防長官）から、直接手わたされたのである。出席の名士の中には、海軍長官補佐（航空）のアートマス・ゲイツ、航空局長のジョン・H・タワーズ、戦時生産委員のフランク・フォルツンらもおり、グラマン最高の晴れ姿だった。

日米機動部隊の対決

グラマンFF-1にはじまるグラマン艦上戦闘機シリーズは、ときあたかも第二次大戦と太平洋戦争にぶつかった単葉F4Fによって、ゆるぎない地歩を確立し、つぎへのステップも約束されつつあった。

前年の六月末から開発をはじめていたXF6F-1は、ようやく性能不足になりはじめたF4Fにかわる、日本の「零戦」を上まわる高性能の新艦上戦闘機として、試作一号機がいまや完成寸前にあったのである。

「この機体なら、F4Fの弱点をカバーできるぞ」

「なにしろ馬力が二倍ちかいんだから、ゼロ・ファイター（『零戦』）にだって負けはしないよ」

珊瑚海海戦で日本機の攻撃をうけたレキシントンは応急修理の後、再び艦内爆発を生じた。飛行甲板手前の一群の機体はＦ４Ｆワイルドキャット。

「ヴォート（Ｆ４Ｕのこと）はスピードがあるけれど艦戦むきじゃない。そこへゆくと、こいつは空母におあつらえむきさ」と、ＸＦ６Ｆに期待をよせる社内の声が高まってゆくとき、五月七日、八日に珊瑚《さんご》海海戦がおこなわれた。

インド洋からニューギニアまでを、その勢力範囲にいれた日本にたいし、きたるべき反攻までに何とか一矢をむくいようと、チャンスをうかがっていたアメリカは、五月早々、耳よりな日本軍の通信を傍受した。それは五月三日にツラギを占領後、空母「翔鶴」「瑞鶴」を主力とする機動部隊の支援をうけて、空母「祥鳳」直援の輸送船団がポートモレスビーに上陸する、というものである。

さっそく空母「レキシントン」と「ヨークタウン」を主力とするアメリカ、オース

トラリア連合の機動部隊が編成され、珊瑚海でむかえうつことになった。「ワイルドキャット」は
そこで空母機動部隊同士による初の戦闘がおこなわれたのだが、
ここでも大いに活躍した。
すなわち七日、「レキシントン」の第42戦闘飛行隊（VF42）二〇機と「ヨークタウン」の第2戦闘飛行隊（VF2）二三機は、日本艦載機二七機中九機を撃墜し、二機をうしなった。翌日には、「翔鶴」を攻撃したダグラスTBDを援護しながら、一二機を落としたといわれる（日本側の記録では、飛行機一〇六機の戦果にたいし、三〇機損失――「祥鳳」沈没による二一機をふくまず――となっている）。
この海戦で、アメリカは「レキシントン」が爆発後に沈没、「ヨークタウン」も損傷し、日本は「祥鳳」が沈没、「翔鶴」が大破して戦闘は互角におわったが、日本のポートモレスビー攻略企図を挫折させたことで、アメリカ側の戦略的勝利とみることができよう。

明暗を分けたミッドウェー

五月末、日本は大機動部隊を集中してのミッドウェー島攻略にのりだしたが、これまたアメリカへ情報がツツぬけとなり、米海軍は至急、ハワイから第16機動部隊（空母「エンタープライズ」「ホーネット」）および第17機動部隊（空母「ヨークタウン」）をミッドウェーに急行させた。
この空母三隻に搭載されたF4F「ワイルドキャット」は七九機にたっした。なおミッド

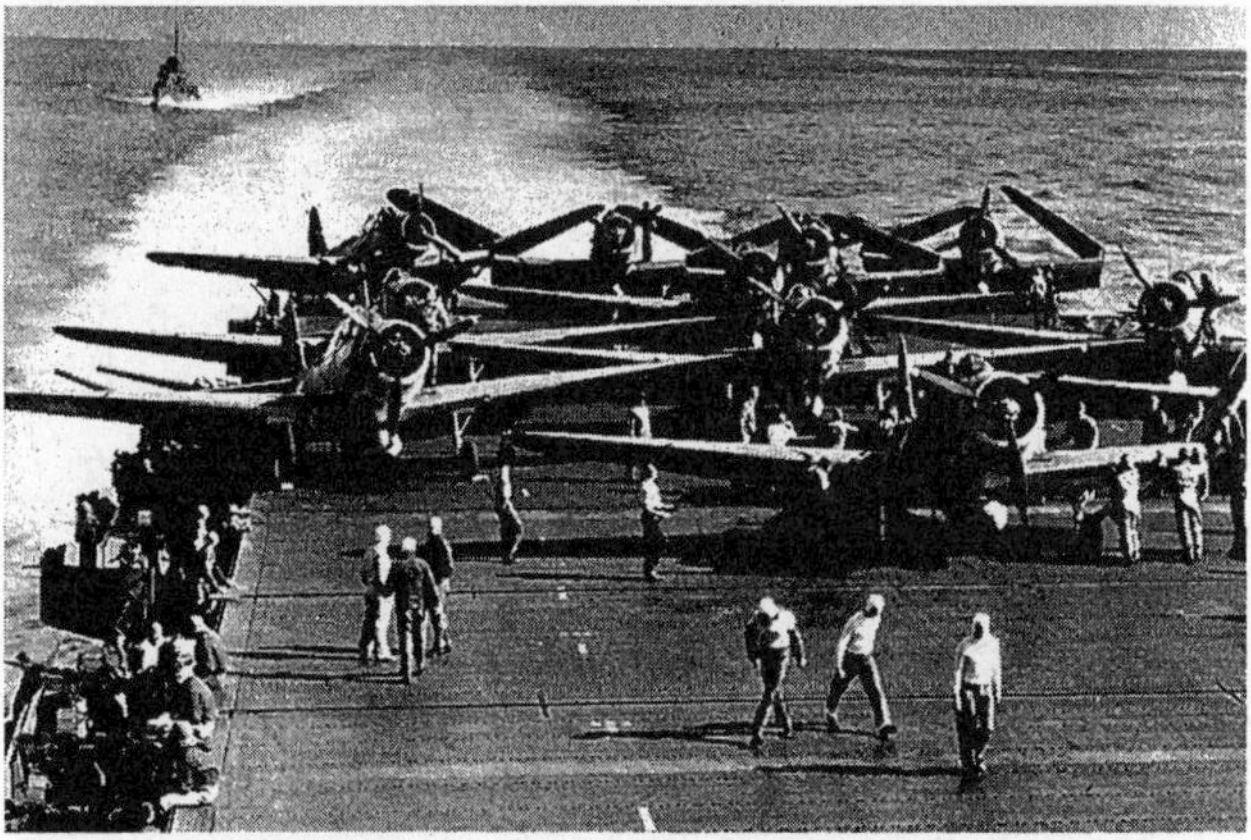

ミッドウェー海戦でエンタープライズより発進準備中のダグラスTBDデバステーター艦上攻撃機。彼らの犠牲で艦爆隊の奇襲攻撃が可能となる。

ウェー陸上基地にも、第221海兵隊戦闘飛行隊のF4F七機とブリュースターF2A－3二〇機が配属されていた。

六月四日、日本の攻撃が開始され、海兵隊のF2A一三機とF4F二機が撃墜された。陸上基地から日本空母の雷撃に発進したグラマンTBF－1「アベンジャー」六機と、陸軍のマーチンB26四機は、戦闘機の護衛なしだったため、「アベンジャー」を五機、B26を二機うしなっている。

グラマン社が開発したTBF－1「アベンジャー」雷撃機は、この戦闘が初陣だったが、太平洋戦後半の大活躍ぶりにくらべて、あまりの不本意さであった。ラバウルの一式陸攻といい、ミッドウェーの「アベンジャー」といい、敵の制空権下での援護戦闘機をもたない攻撃機のみじめさを、つくづくと知らされるのである。

米空母のF4Fをひきいたサッチ少佐は、九七式艦攻をむかえうち、一八機を撃墜あるいは不確実撃墜した。しかし日本空母攻撃にむかったダグラスTBD攻撃機四一機も、「零戦」の阻止にあって三五機をうしなった。低空で零戦は誇らしげに舞っている。

この直後である、「エンタープライズ」のダグラスSBD－3「ドーントレス」一一二機が、雲間から日本空母陣に集中急降下爆撃をくわえたのは――。爆装から雷装にきりかえた艦載機が、甲板上でずらりと並んだからたまらない。誘爆が誘爆をよび、「赤城」「加賀」「蒼龍」はたちまち猛火につつまれた。

のこる「飛龍」の艦載機は、「ヨークタウン」に大損傷をあたえて戦列をはなれさせたが、その後「飛龍」は「エンタープライズ」の攻撃によって火災をおこし、五日朝沈没した。

けっきょく、この戦闘で日本は、トラの子の空母四隻を一挙にうしない、ミッドウェー攻略もあきらめ、太平洋戦争の主導権を手ばなしたことになり、アメリカ側の大勝利におわったのである。

日本側の記録によると、アメリカ機にあたえた損害は撃墜一四一機、沈没空母とともに一一機。味方機の損失は四二機、沈没空母とともに二一九機となっている。

このときから、日本とアメリカは攻守ところをかえることになるが、日本は軍の機密情報を簡単にさとられてしまったこと、敵機の来襲にそなえるレーダーがなかったこと、指揮系統の混乱など、弱点をさらけだした。

またアメリカは、伝統のヘルダイバー（急降下爆撃）の強味を最高に発揮するとともに、優勢な「零戦」に「ワイルドキャット」をもってよく対抗させたことが、勝因につながったのであった。

カクタス航空隊巻き返す

一九四二年（昭和十七年）五月三日、日本軍はガダルカナル島に上陸したものの、ミッドウェーで惨敗し勢いが目に見えて衰えた。アメリカ軍はこの機をとらえ、反攻策を練って八月七日、ガダルカナル島に上陸、壮絶な争奪戦を展開する。これにともなう航空戦も激化し、守りの日本海軍航空隊（台南空。同年十一月一日から第二五一航空隊と改称、いわゆるラバウル航空隊）とアメリカ海兵隊戦闘飛行隊（VMF）の間に組んずほぐれつの空戦が展開された。

ところがこれまで、日本海軍の「零戦」に押されっ放しのアメリカVMFのグラマンF4F「ワイルドキャット」が、手ごわい巻き返しをはかったのである。それは日本にとって大きなショックで、以前の有利な立場にかえろうとあせったが、その流れを止めるのはむずかしくなっていた。

というのは、やられっ放しの零戦に対する新しい戦法を、血気にはやるアメリカ海兵隊戦闘機隊員（もちろん陸海軍も同じく）は練っていた。一九四二年六月のミッドウェー作戦と同時に行なわれたアリューシャン作戦で、アクタン島の湿地に不時着転覆した「零戦」二一型（空母「龍驤」機）を徹底解剖し、飛行テストした結果、「零戦」の長所短所が白日のもとにさらされた。運動性がいいというものの、時速四〇〇キロ以上になると補助翼の効きが悪く

ガダルカナル島のヘンダーソン飛行場で炎上するF4F。
ガ島をめぐる攻防戦で同機の果たした役割は大きかった。

なり、右横転がわずかに時間がかかる。航続力があるといっても、往復二〇〇〇キロ以上飛べば空戦時間は一〇分ていどとなり、帰投を急ぐところを上空に誘い上げ右横転を重ねさせて、防弾の弱いところへ機銃弾を注ぐ。

グラマンＦ４Ｆ－３の火力は一二・七ミリ機銃四梃だったが、一九四二年初めのＦ４Ｆ－４から六梃に強化されたので、二機ペアのサッチ・ウィーブによる打撃力は絶大となる。逆にＦ４Ｆ－４の防弾はかたく、命中精度のよくない「零戦」の二〇ミリ機開砲を避ければ恐るるにあたらない。

一九四二年七月、ハワイで編成された第23海兵航空群の中にＶＭＦ223（Ｆ４Ｆ－４が一九機）とＶＭＳＢ232（ＳＢＤ単発爆撃機が一二機）は、護衛空母「ロングアイランド」に搭載されてガダルカナル攻撃とともに現地へ向かった。

したがって米軍のガダルカナル島上陸時、迎撃した台南空の「零戦」一八機（四空の一式陸攻二七機護衛）と対戦したのは空母「サラトガ」および「エンタープライズ」の艦載戦闘機F4F－4六二機であった。彼らはサッチ・ウィーブ主体のまだ訓練が行き届かず、台南空は笹井醇一中尉（中隊長）が五機、西沢広義二飛曹が六機、高塚寅一一飛曹が四機、坂井三郎一飛曹が三機、太田敏夫一飛曹が二機など計四二機を撃墜、「零戦」二機未帰還となっている。（坂井一飛曹は重傷を負ったが帰還）

ラバウルの花吹山を背後に整備中のラバウル航空隊の零戦21型。ガ島までは遠路で、零戦といえども苦戦を演じた。

しかしアメリカ側の記録では、損失一一機としている。そして四空の陸攻と艦爆が、七、八の両日で計三一機撃墜されているから、彼らの攻撃力はすさまじくなったといえる。八月九日の夕刻、米機動部隊がこの戦域から離れたので、しばらく空戦はなかった。

八月二十日、アメリカが奪取したヘンダーソン飛行場へ現われたのが、先に述べた海兵隊のVMF223とVMSB232だった。VMF隊長はジョン・L・スミス大尉、しかし実戦の経験ある者はミッドウェー海空戦に参加したマリオン・カール大尉だけで、あとの二十数名は初めてである。しかし対零《ゼロ》訓練を十分にした意気は高く、オーストラリア人による諜報《スパイ》組織コーストウォッチャーの援護とヘンダーソン飛行場の確保という地の利を得て、その戦力は強力になっていた。

その牙を日本に秘匿するため、暗号名を〝ＣＡＣＴＡＳ《カクタス》〟航空隊《エアフォース》と名づけて油断させる手は、到着翌日の二十一日から効果をあらわす。すなわちＶＭＦ223の四機がガダルカナル上空で「零戦」六機中一機を撃墜、自らは一機不時着にとどめた（アメリカ側の記録）。

八月二十六日、ガダルカナルに向かった台南空「零戦」隊八機をＶＭＦ223のＦ４Ｆ－４一五機が迎撃、三機を撃墜したが（日本側記録ではＦ４Ｆ九機撃墜）、この中に笹井醇一中尉（公認個人撃墜二七機）が入っていた。彼を討ち取ったのはマリオン・Ｅ・カール大尉だったといわれる。さらに同月三十日、「零戦」一八機に対し八機を撃墜（日本側も認める）、Ｆ４Ｆの巧みな戦法を見せつけ「零戦」神話を崩壊させた。

このころには新手のＶＭＦ224や陸軍戦闘機隊も加わって戦力はさらにアップしたが、九月九日、ラバウル航空隊の「零戦」一五機と一式陸攻二四機による米輸送船団攻撃では、カクタスの陸攻攻撃の裏をかき九機を撃墜、うち一機はマリオン・カール大尉だった（パラシュート脱出し四時間漂流後コーストウォッチャーに救助される）。また十月二日、ガ島上空でＦ４Ｆ－４約三〇機が一式陸攻を攻撃したとき、「零戦」三六機に襲われ一四機を撃墜された（日本側記録）。このときＶＭＦ223隊長スミス少佐も撃墜されたが、パラシュート脱出し、ウォッチャーに救助された。

このようにＦ４Ｆ－４が一方的に「零戦」を押しはじめたというのではなく、そのときの戦況によって明暗が分かれた。

しかしVMF121（レオナード・ディビス少佐）のF4F－4二〇機がヘンダーソン基地に到着するのと入れ換えに、VMF223はお役ご免と引き揚げていった。ジョン・ルシアン・スミス中佐は一九機、マリオン・E・カール少佐は一八・五機、ケネス・D・フレイジャー大尉は一二・五機というスコアで本国へ生還する。

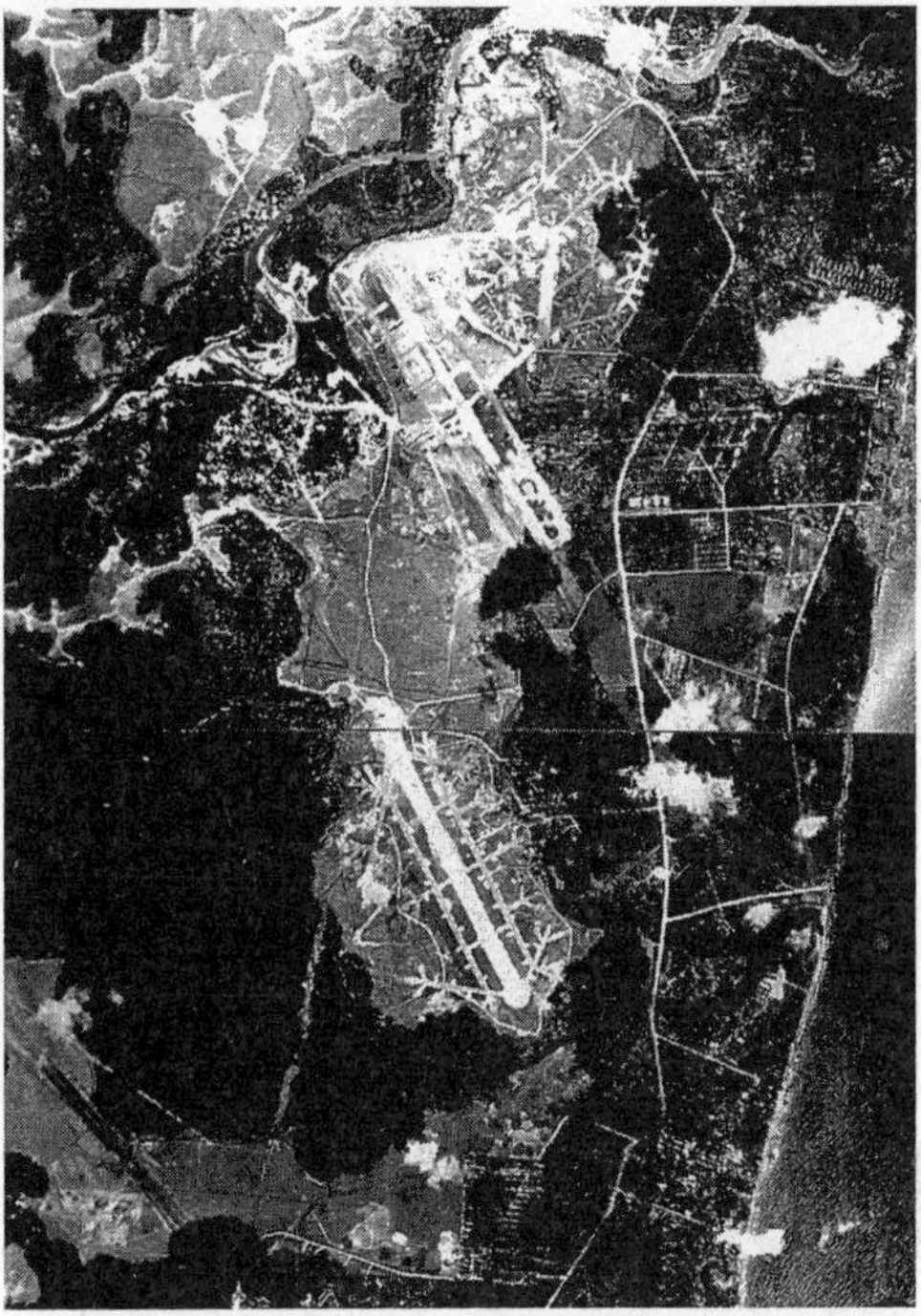
高空から見たガダルカナル島のヘンダーソン飛行場。占領後ただちに拡張され、巨大な航空基地となった。

VMF121の副隊長ジョセフ・J・フォス大尉は、F4F四機と四機のダブル八機で一フライトとする戦法で戦果をあげ、一九四三年一月半ばまでに二六機撃墜してトップを飾ったが、マラリアに冒され本国へ後送された。

一九四三年二月、約半年の抵抗後、日本軍はガダルカナル島から撤退したので、カクタス航空隊の活躍も一段落し、海兵隊戦闘機隊はヴォートF4Uコルセア（逆ガル翼、最大時速六七〇キロ）に機種改変され、VMF214の隊長グレゴリー・ボイントン大尉らを迎えることになる（ボイントンの最終スコアは二八機）。

④ F6F「ヘルキャット」誕生

オーソドックスなXF6F−1

ミッドウェーの勝利に溜飲《りゅういん》をさげた米海軍に、つづいてうれしい便りがもたらされた。グラマン社に試作させていたXF6F−1が異例のスピードで完成し、六月二十六日、セルデン・A・コンバースの操縦によって初飛行したからである。

この機体は前にものべたように、一九三八年の新艦上戦闘機コンテストで、グラマン機がヴォート社のXF4Uに敗れながら、ヴォート機のひじょうに悪い離着艦性能ゆえに、急ぎ新構想で登場してきたものだった。

グラマンとしてもここ数年来、艦上戦闘機のリーダーシップをとってきたという誇りと、ライバル・メーカーに浮上してきたヴォートに負けたくないという意地で燃え上がっていたので、XF6Fの早期完成には、全社一丸となってあたってきたのである。

はじめヴォートのF4Uに敗れたグラマン機というのは単発でなく、双発のXF5F−1

「スカイロケット」だった。当時、世界的に流行し、ロッキードのXP38（のちに制式となって山本五十六長官機を撃墜した機体）が陸軍を突き動かすという情勢にあった双発戦闘機は、運動性は多少犠牲にしても、単発機の倍の馬力で高速とダッシュ力を得て、一撃離脱の効果をフルに発揮しようというのだ。

その中でもこのグラマンXF5F-1は、世界最初の双発単座艦上戦闘機として、またユニークな設計をもった機体として、ひときわ目だつ存在であった。
一九三九年六月に海軍から、原型G-34(XF5F-1の社内呼称)一機の試作を命じられ、翌一九四〇年の三月に完成したが、胴体を極力小さくして機首が

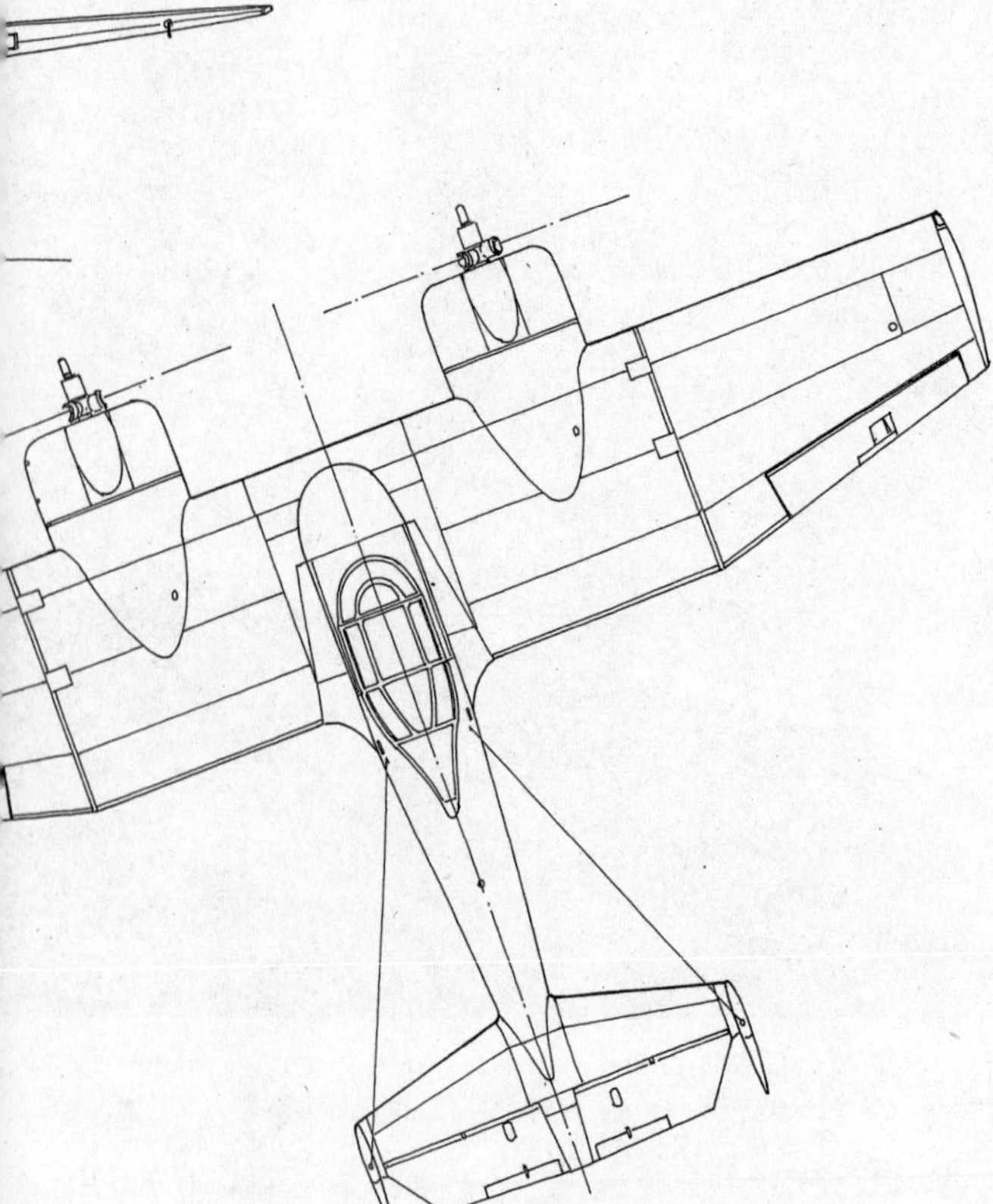

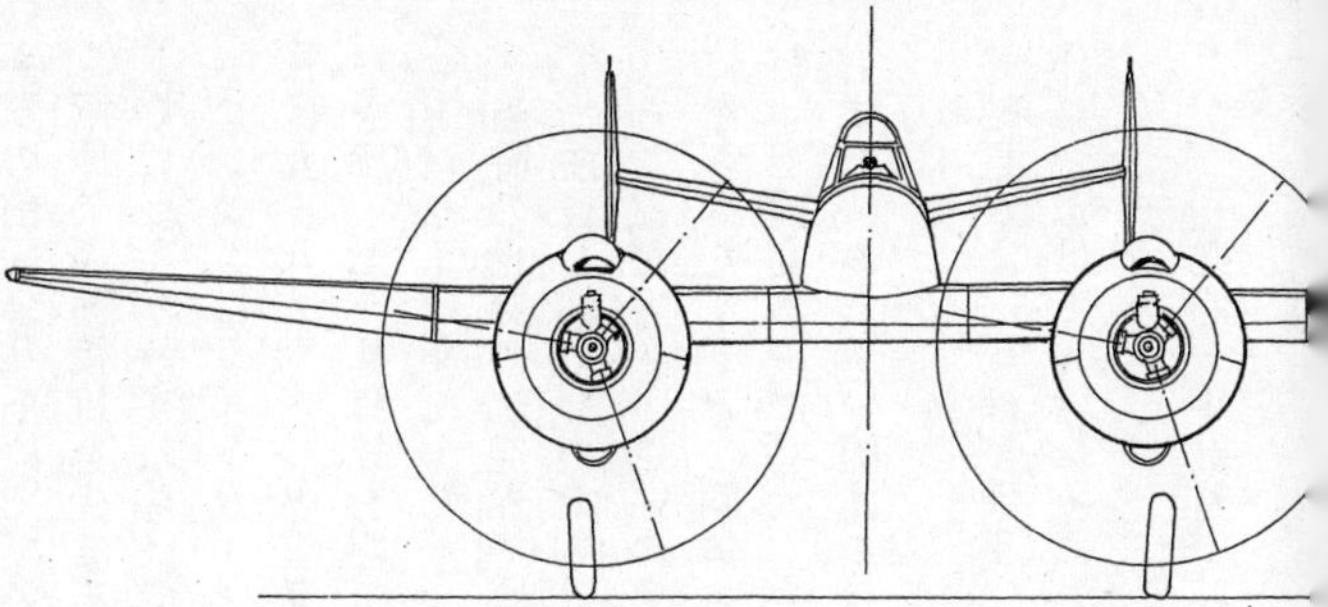

グラマン XF5F

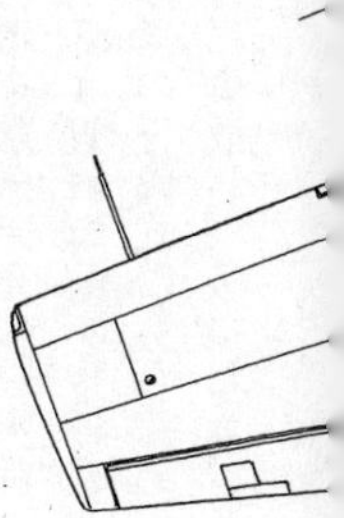

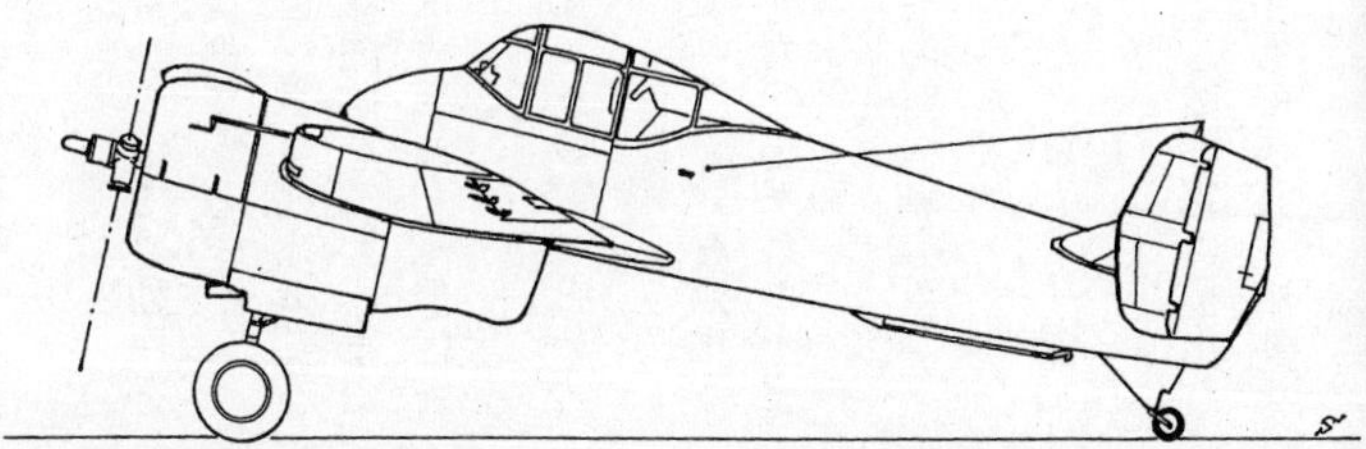

主翼の前縁より前にでていないという、特殊なスタイルである。

胴体の表面抵抗を少なくし、左右のエンジンと、プロペラを中心線にちかづけて運動性をよくしようというねらいで、上から見るとハサミをふりあげたザリガニに似ている。

エンジンはライトR-1820-40の一二〇〇馬力二基で、翼幅は一二・八メートル、全長は九・八メートルと双発にしてはひじょうに小さい。武装は二三ミリ機関砲を二門、または一二・七ミリ機銃を四梃、機首にあつめて、最高時速は高度四九〇〇メートルで七〇〇キロをだせるはずだった。

当時の世界の航空界では「夢の重戦闘機実現!」「最先端をゆくスカイロケット」といって、注目されたものである。

ところが、じっさいにテストしてみると(四月一日に初飛行)、空冷星型エンジンを無雑作にならべたことと、胴体の抵抗が意外に大きく、最高時速は海面でやっと六〇〇キロを上まわった程度だった。

また、みじかい胴体では、いろいろな装置をいれることができず、苦心の新機軸もカラまわりにおわった。

結果がよければ、太平洋における日本爆撃機阻止の一大戦力と考えていた海軍も、一機試作しただけでキャンセルし、ヴォートF4Uに軍配を上げたのである。

なおグラマン社は、これを前車輪つきの三輪式にあらため、XP-50として陸軍に提出したが、一九四一年五月十四日の初飛行に失敗し、破損した。XF5F-1もその後、胴体を

ヴォートF4U-1Aコルセア戦闘機(海兵隊)。

伸ばして鼻先を主翼前縁より前にだすなどの改修をほどこしたが、ついにものにならなかった。

　このようないきさつもあって、競争相手ヴォート機の伸び悩みの穴をうめるべく設計を急いだXF6F－1は、F4F「ワイルドキャット」をひとまわり大きくして、大馬力エンジンを装着した単発単座戦闘機という、ごくオーソドックスな型式になっていた。

　しかし原型から最終一万二〇〇〇機以上の生産まで、外観がほとんどかわっていないのは、本機の基本設計がいかにすぐれていたかを物語る。

　F4Fの開発で大いに辛酸《しんさん》をなめた経験が、F6Fに最初から生かされたからである。

　設計開始からほぼ一年という、ふつうの約半分の短期間で初飛行にもちこんだのも、あながち開発途上で太平洋戦争の勃発《ぼっぱつ》があったからばかりではない。

初飛行前に量産の命令

米海軍当局は、XF6F－1のすぐれていることを開発中に認め、ときあたかも太平洋反攻作戦準備中であったので、まだ初飛行もしていない五月二十三日、「F6F－3を至急、量産せよ」と発令したのだった。

戦時中であるから、まだ飛んでもいないのに生産するように命令するのはめずらしいことではないが、今後の主力戦闘機とするものにたいしてだから大英断というべきで、いかに海軍がこれに期待していたかがわかるだろう。

F6F－3というのは、XF6F－1がライトR－2600－16「ダブルサイクロン」の一七〇〇馬力エンジンをつけた試作一号機、XF6F－2がおなじくライトR－2600－15のターボ過給器（空気の稀薄な数千メートル以上の高空で、濃い空気をシリンダーにおくりこんで馬力低下を防ぐ装置）つきのエンジンをつけた試作二号機、XF6F－3がプラット・アンド・ホイットニーR－2800－10「ダブルワスプ」の二〇〇〇馬力エンジンをつけて試作三号機となる予定だった。しかし海軍は、この3型に白羽の矢をたて、現物がまだないのに、はやくもXをとってしまったのである。

このところ飛躍的に進歩したエンジンではあっても、戦闘機用二〇〇〇馬力級エンジンは実用化されたばかりだった。なかでも、プラット・アンド・ホイットニー空冷星型複列一八気筒のR－2800系「ダブルワスプ」はもっとも好評で、陸軍のリパブリックP47「サンダーボルト」や双発のノースロップP61「ブラックウィドー」、海軍のヴォートF4U「コ

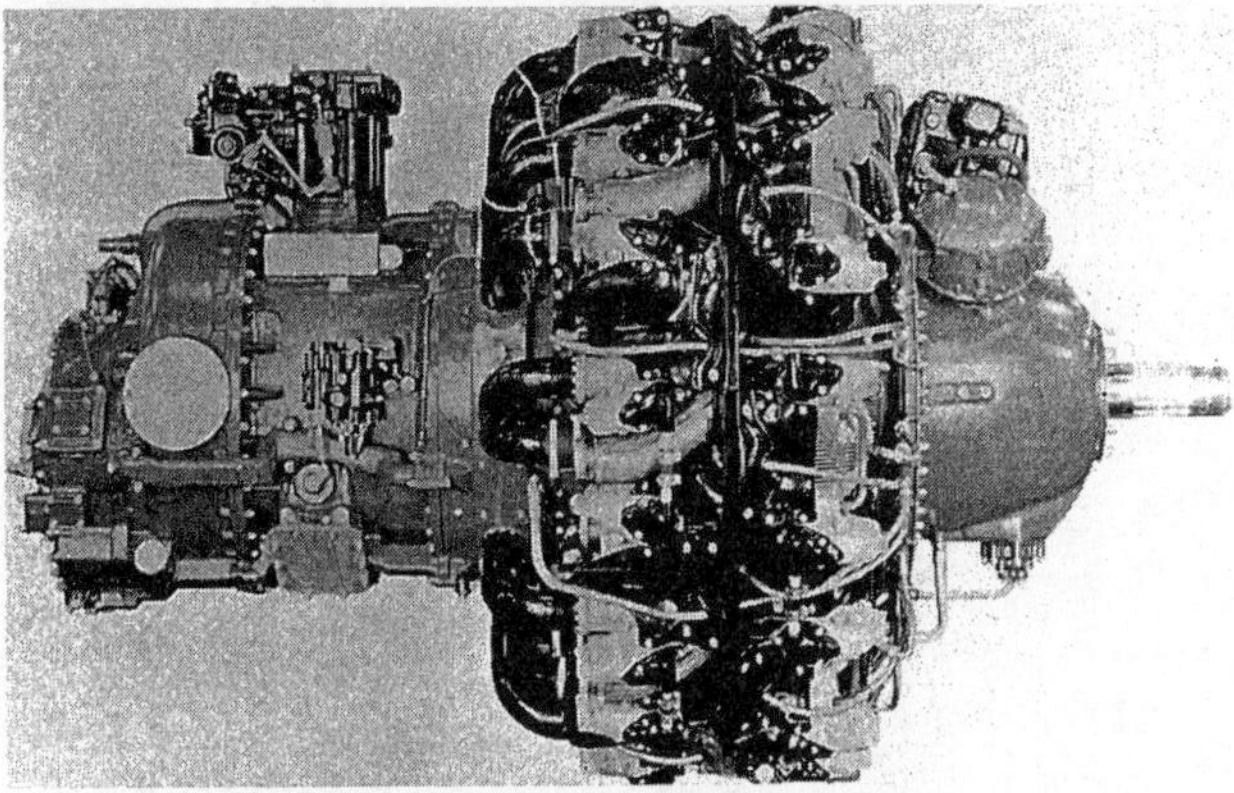

Ｆ６Ｆ-３に搭載されたP&W-R-2800ダブルワスプエンジン。

ルセア」各戦闘機に装着され、テスト中か、量産にはいったところである。

そのため生産が追いつかず、グラマン用のＲ－２８００－10は試作一号機にまにあわなかった。それでとりあえず、ライトＲ－２６００エンジンをつけて初飛行したわけである。

その結果は、やはり馬力不足がたたって、予定性能を発揮することができなかったが、二〇〇〇馬力をつけさえすれば、満足すべきものになることはあきらかだった。

さらにちょうどこのころ、ミッドウェー海戦に参加したＪ・Ｓ・サッチ少佐をはじめ、歴戦の海軍パイロットから戦訓をききだそうとパールハーバーへ飛んでいたレオン・Ａ・スワーブル社長（グラマンは会長）が帰ってきて、裏づけ報告した。

「ゼロセン（当時アメリカでもこう発音していた）に勝つためには、よりよい上昇力とスピードがなければむずかしい、とエースたちが強調していた。火力は一二・七ミリ四〜六梃でも、彼らの防御があまいのでじゅうぶんだそうだ。とにかくプラット・アンド・ホイットニーをつけたF6F－3を、一刻も早く飛ばさなければならない」

不格好だが頑丈な機体

機体の改修をおえた七月なかばごろ、待望のプラット・アンド・ホイットニーR－2800－10エンジンの用意がととのったので、XF6F－1のライト・エンジンをはずしてこれにつけかえ、XF6F－3とよんだ。これが量産型F6Fの原型である。

この機体（もとの試作一号機）は一九四三年三月になって、R－2800－27の二速エンジンをつけ、XF6F－4としてひきわたされている（試作二号機も、のちにプラット・アンド・ホイットニーR－2800－21ターボ過給器つきのエンジンにつけかえたりしたが思わしくなく、けっきょくF6F－3に改造された）。

なおこのエンジンの交換が、これまで誤り伝えられ、混乱をまねいているので、1、3、4各型にたいするグラマン社および米海軍の固有機体番号の違いを示しておく。

とにかく、空冷星型複列一八気筒二〇〇〇馬力エンジンはかなり大型で、直径が一・三五メートル、乾燥重量も約一トンある。F4F「ワイルドキャット」でもちいていた一二〇〇馬力（複列一四気筒）は直径一・二一メートルで、乾燥重量は〇・六トンぐらいだった。日本では中島「ハ－45」（海軍名「誉《ほまれ》」）離昇出力二〇〇〇馬力が、ようやくテストにはいった段階だった。

F6F試作機の機体番号（グラマン社の資料による）

	XF6F-1	XF6F-3	XF6F-3(改良型)	XF6F-4
グラマン社	3188	3188	3189	3189
米海軍	02981	02982	02982	02981

このエンジンの下に滑油冷却器ダクト、その左右に過給器空気取入口を設けて、一体のカウリング（エンジンカバー）でつつんでいるから、機首から胴体にかけてかなり太い線となり、少しでも細くしぼろうとする日本の設計とは、きわめて対照的である。

また、主翼も縦横比の小さい角ばった、つまりF4Fとかわらない型式にしたため、スマートさに欠けている。

しかし、構造は許容量をはるかに上まわるじょうぶさで、たとえば「零戦」が時速七〇〇キロをこえるダイブをおこなうと、翼面にシワが発生して危険状態におちいるとしても、F6Fは時速八〇〇キロをこえてもびくともしないという安定感があった。

そこで一撃離脱戦法を、何のためらいもなくおこなうことができた。また荒っぽい着艦をおこなっても、まず脚が折れるという心配はなかった。

中身の濃かったモデルチェンジ

この脚であるが、F6Fの主脚の引き込み装置は、FF-1からF4Fにいたる伝統の胴体側面収納式をやめて、脚柱を後方へひきあげると同時に九〇度ひねり、車輪を平らにして主翼下面へ完全にうめこむ方式とした。カーチスP40と同じ方式である。

やはり図体《ずうたい》が大きくなり動力が強化されると、轍間距離《てっかん》（左右車輪の間隔）が小さくて引き込み機構にムリのかかる側面収納式では、限界にきてしまったのである。

日本でよく「F6FはF4Fをひとまわり大きくしたものでなく、まったく別機としてつくられた」といわれているが、これはこの引き込み脚機構の変革がもたらしたモデルチェンジであって、根本的には両者ほぼ同じものである。

「零戦」の21型から52型への改良よりもぐっと大幅ではあるが、エンジンが倍ちかくパワーアップされているし、アメリカの工業力からいって、このくらいのモデルチェンジは、「零戦」21型から52型への改良ぐらいにしかあたらないのだ。

主翼の構造は、グラマン初の単葉であるF4FがNACA230系の翼型で、主桁《けた》に強度を依存していたのにたいし、F6Fはおなじ翼型に三本桁を通したので、桁間のスペースがじゅうぶんにあり、種々の装置——後方引き込み脚や機銃、油圧式後方折りたたみ装置などをらくに収容できた。

さらに胴体を貫通する桁間部には、二個の自動防漏《ろう》（ゴム被覆式）燃料タンクをおさめた。

ところで、翼幅一三・〇メートルというのは、F4Fの一一・六メートル、「零戦」21型の一二・〇メートル、陸上用の「スピットファイア」の一一・二三メートル、リパブリックP47の一二・四メートル、ノースアメリカンP51の一一・三メートルのどれよりも大きい。したがって主翼面積もそれぞれ三一、二四・二、二二・四、二二・五、二七・九、二一・六平方メートルで、F6Fだけが三〇平方メートルを越すという、なみはずれた広さである。

これは特急開発によるF4Fの大型化と防弾装備、二〇〇〇馬力エンジンの装着による重量の超過（全重量五・七八トン）から、運動性と離着艦性能の悪くなるのを防ぐためのやむをえない手段だった。

F6Fヘルキャットの主翼折りたたみ／手作業により始められたばかりの状態(上)。主翼を後方へ押してゆくと写真(下)のように八の字形となり、艦内の収容に便利となる。

あとでふれることであるが、F6F「ヘルキャット」の運動性は、「零戦」との空戦の結果、「ややおとった」と日米両軍ともに認めている。

これについて、日本のかつての設計者、あるいは航空評論家は、

「『零戦』の倍以上の重量ではおとるのが当然で、一キロでも重量をへらそうとする日本にくらべて、その大まかさは救いがたい」

とけなす。しかしこのことは逆に、『零戦』の二倍の重さの『ヘルキャット』でさえ、ややおとる程度の運動性なのだから、じっくりと神経をそそいでつくれば、同等あるいはそれ以上のものになる」

といった可能性を秘めていた。

これを仮定としてでなく、真実としてグラマンは回答した。後継機F8F「ベアキャット」がそれである。

それはさておき、主翼の後方折りたたみ機構は、F4Fのそれを踏襲したが、三本桁主翼のおかげで、油圧作動を可能にした。もちろん人力でもおこなえるが、作業員の手がたりないとき、機上から折りたたんだりひろげたりの操作ができることは、スピーディーな空母作戦上、都合がよかった。

重量をへらすことに重点をおいた日本機には、とてもつけてもらえない装置であった。

この折りたたまれる外翼の折りたたみ点ちかくに、一二・七ミリ機銃が両翼に三梃ずつ、計六梃装備された。

これは命中率のよいことで定評のあるコルト・ブローニングMG53で、一梃あたり最大四〇〇発の弾丸が携行された。初速は毎秒七六二メートルでふつうだが、弾丸は直進して威力があった。日本海軍で使用した三式一三・二ミリ機銃は、このコルト・ブローニングのコピーだった。

でっかいことはいいことだった

モノコック胴体（ジュラルミン外皮とフレームだけからなる張殻構造の胴体）も主翼に比例してかなり大きく、丈《たけ》が高かった。これはＸＦ５Ｆ－１で経験したとおり、小さな胴体だから抵抗が少ないのではなく、たとえ大きくとも合理的でありさえすれば、抵抗はそれほど大きくはならないという教訓にもとづくものである。

全長は一〇・二メートル、全高は四・九メートルあり、単発の艦上戦闘機としては世界最大のものだったが、それだけ余裕と収容力があり、操縦席を高い位置にして離着艦時の視界をよくできるという利点があった。

当時の単発飛行機は、Ｐ39をのぞいてみな尾輪式降着装置だったから、離着陸（艦）のときは機首をぐっと上げて、パイロットの前下方視界をひどくさまたげた。とくに高速機の場合、大馬力エンジンをつけて機首が長くなると、前方がまったく見えなくなり、左右からやや斜前方を首を曲げ伸ばして見て、着陸（艦）をおこなうというむずかしさがあった。

そのために、ヴォートＦ４Ｕが、すばらしい高速と攻撃力をもちながら、広い飛行場でもちいる陸上用ならいいが、せまい飛行甲板から発着する艦上用では前方視界が悪くてどうにもならず、グラマンＦ６Ｆにおハチがまわってきたというわけである。

Ｆ６Ｆに乗った海軍および海兵隊のパイロットたちは、その視界、とくに離着艦時の前下方視界について、「エクセレント（完全無欠だ）！」といっている。

丈の高い胴体の上部にあたかも望楼《ぼうろう》のように突きだしたコックピット（操縦席）から見お

ろすのだから、まさに当然のことだろう。胴体のやや細い日本海軍の「紫電改」も、その前下方視界のよさはF6F「ヘルキャット」にまさるともおとらないもので、写真をみればよくわかるはずである。

胴体内の主翼桁間に設けられた燃料タンクのほかに、そのすぐうしろの操縦席下にも予備燃料タンク（やはり防漏式）がある。全部あわせると九〇〇リットルとなり、さらに胴体下にとりつける落下増槽《ドロップ・タンク》（五六〇リットル）も使用すると、F6F-3の航続距離は最大二八八〇キロにおよぶ。

これは「零戦」11型の最大三五〇〇キロ、21型の三一一〇キロにはおとるが、52型の一九二〇キロよりはるかに長かった。「零戦」の最大特徴のようにいわれた〃アシの長さ〃は、モデルチェンジによって大幅にダウンしたが、グラマンでは逆にアップしているのである。でかぶつといわれながらも、運動性さえうしなわなければ〃でっかいことはいいこと〃で、F6F「ヘルキャット」はその名に恥じず、四五〇キロ爆弾一個ずつを両翼下につるすことができた。合計九〇〇キロの爆弾なら、日本の重爆撃機なみの爆弾搭載量である。また、八〇〇キロ級の魚雷一本をかかえての艦船攻撃も可能に設計されていた。

新工場建設より早く量産機完成

すでに量産が決定しているとはいえ、グラマンとしては、XF6F-3の実用テストを一刻も早くおこなってXをとり、量産型原型に決めておかなければならない。

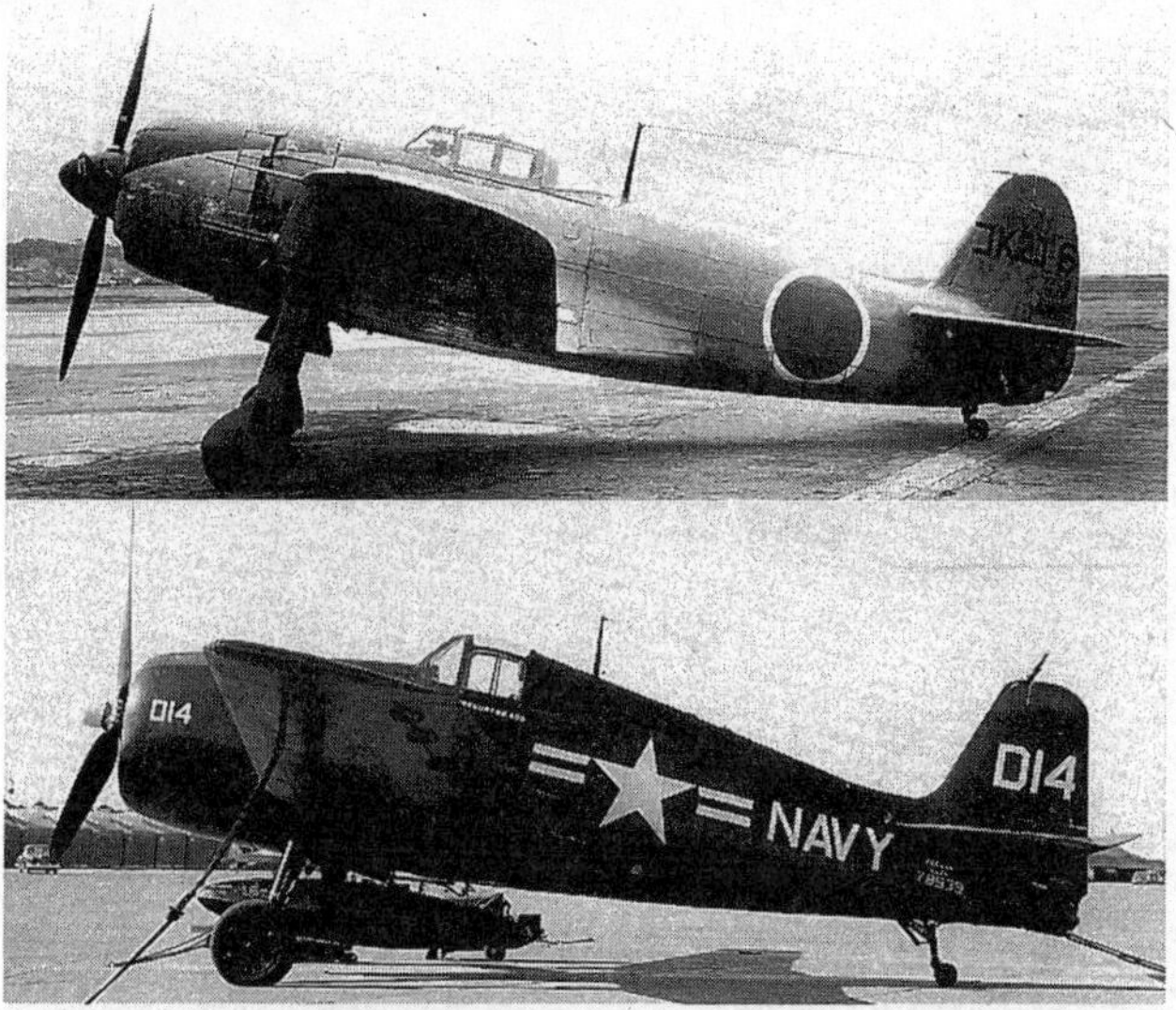

日本海軍の紫電改（増加試作機）戦闘機（上）とF6F-5Kヘルキャット。両機とも、胴体上部に操縦席が置かれ、発着の際に良好な視界が得られた。

その初飛行は、XF6F-1が飛んでからわずか一ヵ月後の七月三十日で、二〇〇〇馬力エンジンのおかげで推測どおり、ほぼ満足な状態になった。運動性だけは「零戦」におとっているかもしれないが、あとは互角かそれ以上の性能を発揮している。

改修は主脚カバーをつくりなおし、プロペラをカーチスの電気式可変ピッチからハミルトンのスタンダード油圧式可変ピッチにかえるとともに、中心のスピンナー・キャップをとりさったという程度で、かえってスマートになった。

これは、F4Fの大型化という基本設計が、大改修を必要としない堅実さをもっていたからにほかならな

い。
「ヘルキャット」と制式に命名されたF6F-3は、ただちに量産態勢にはいったが、ベスペイジ工場は当時、アメリカのガダルカナル作戦に必要なF4F「ワイルドキャット」を戦時特急生産中だった。ピーク時は日産二三機におよんだ。
このため八月、いそいで「ヘルキャット」用の新工

F6F-3 ヘルキャット

場を新築することになったが、必要とする鉄鋼の配給をうけるのに手間がかかった。そこで、レオン・A・スワーブル社長みずから、ニューヨークのセカンド・アベニューにでむいて、高架線建設用の鋼材を買いつけて鉄道で運んだのである。

こうして最初の製作用具は十月にすえつけられたが、F6F-3「ヘル

F6F-5 ヘルキャット

キャット」は工場がまだ建設中なのに、組み立てラインから飛行場に運ばれていくというはなれワザを演じた。

なお、本工場の「ワイルドキャット」の片すみで製作していた「ヘルキャット」の量産一号機は、十月四日にテスト飛行をしており、一九四二年末までには合計一〇機が完成している。

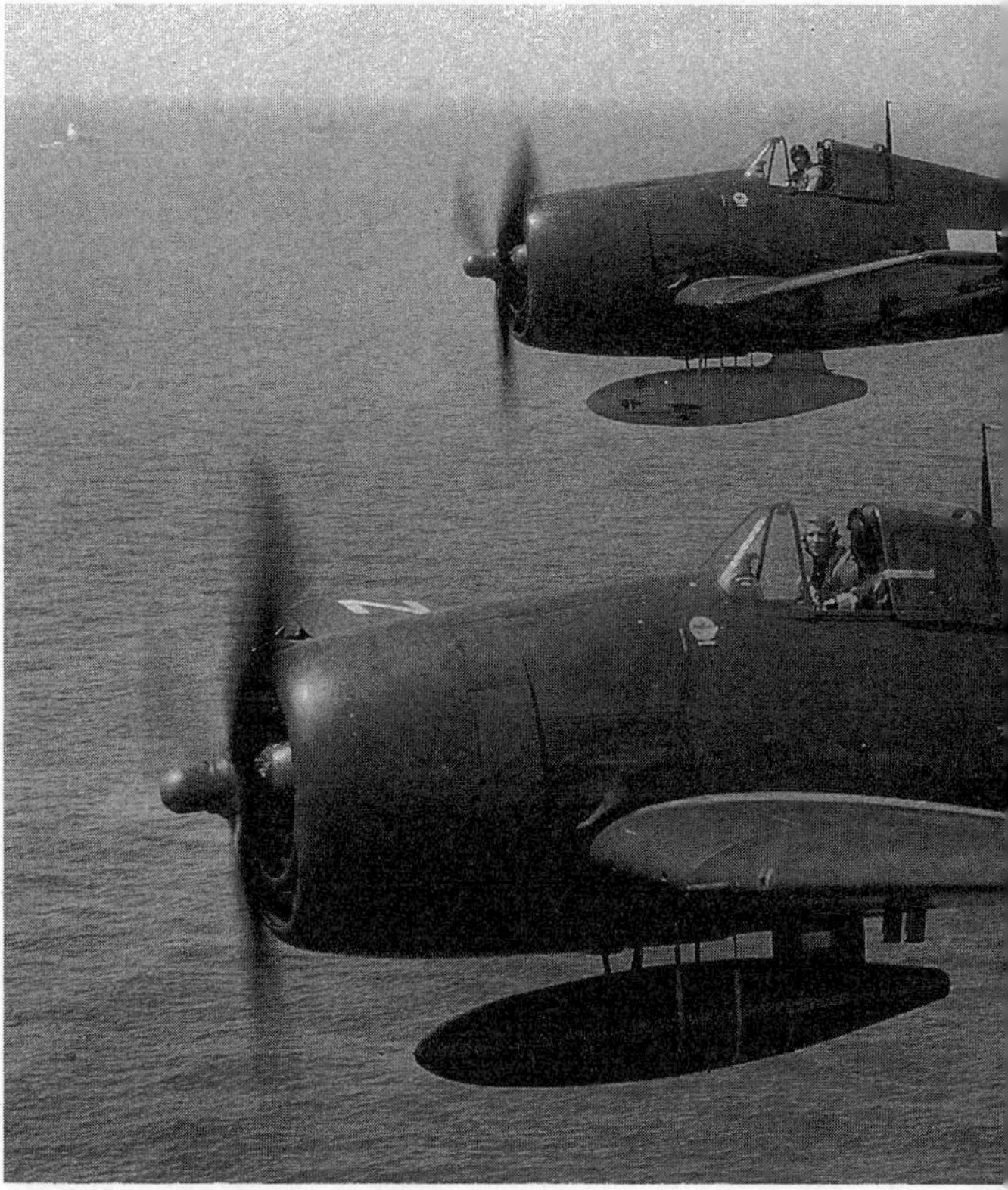

これらの量産型「ヘルキャット」は、ある種の昇降舵の振動以外には重大な欠点をみせずに、ひきわたしへの段階をふんでいった。が、十一月におこなわれた、着艦フックを機尾からひきだす着艦制動テストで問題がおき、翌月には後部胴体の欠陥が発見されてしまった。

　そこで胴体の補強がいそいでおこ

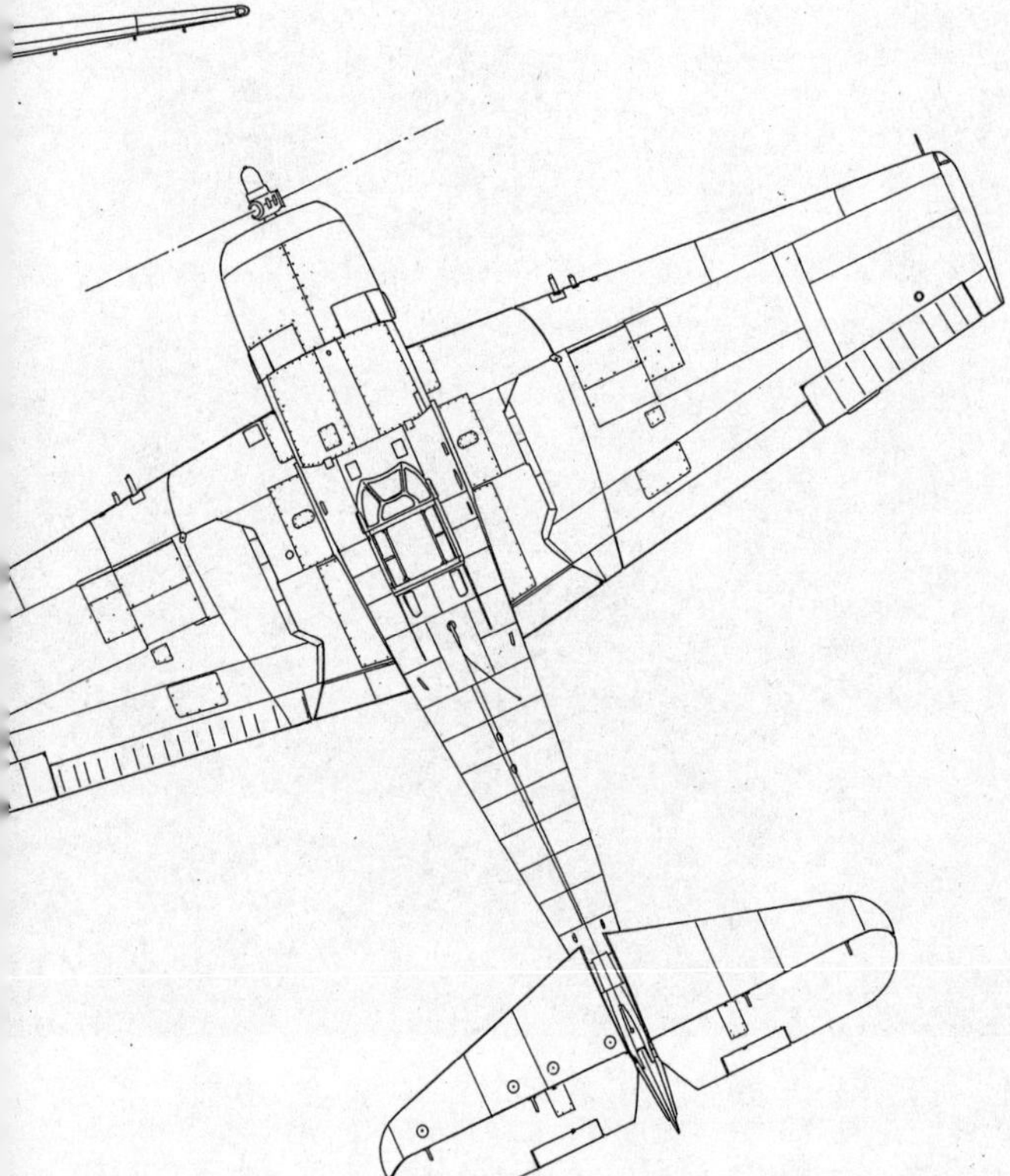

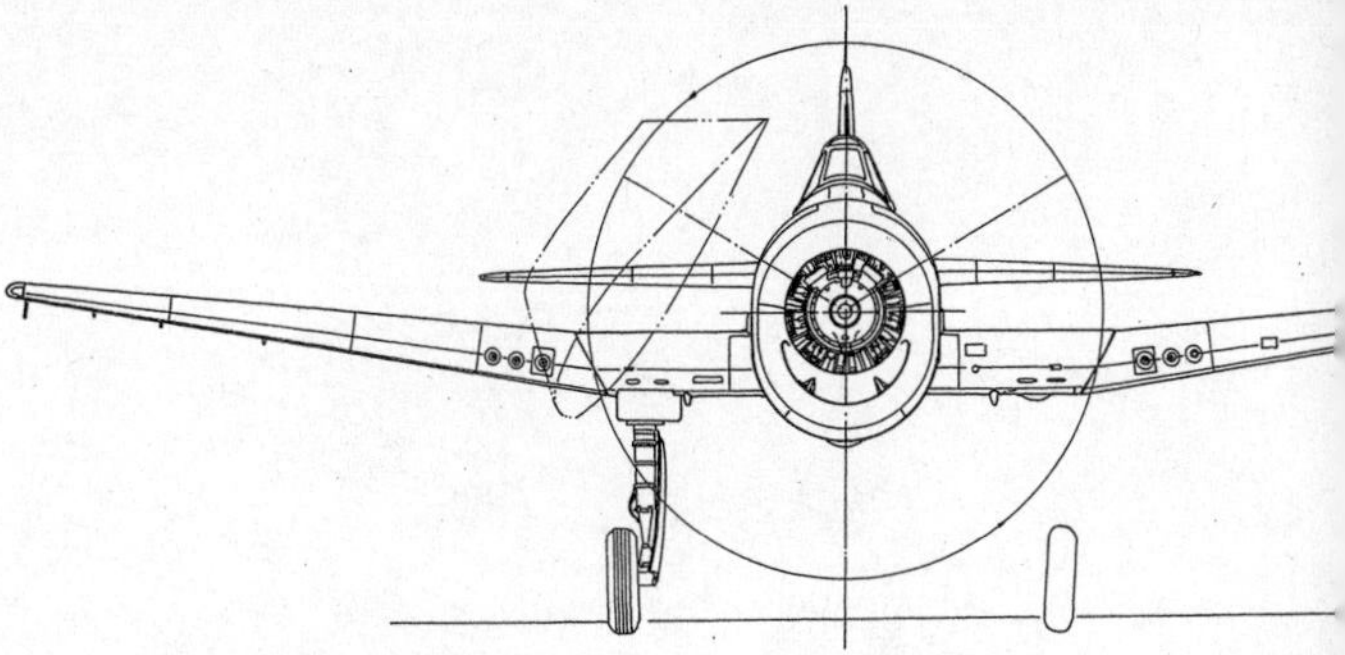

グラマンF6F−3ヘルキャット

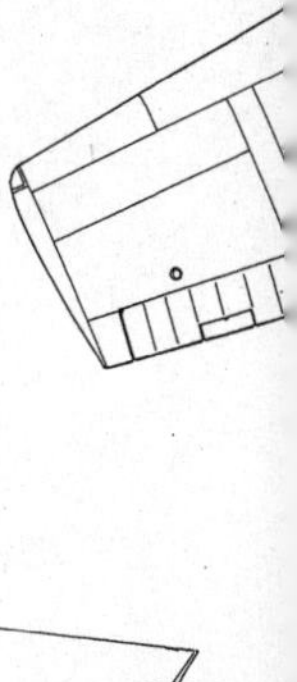

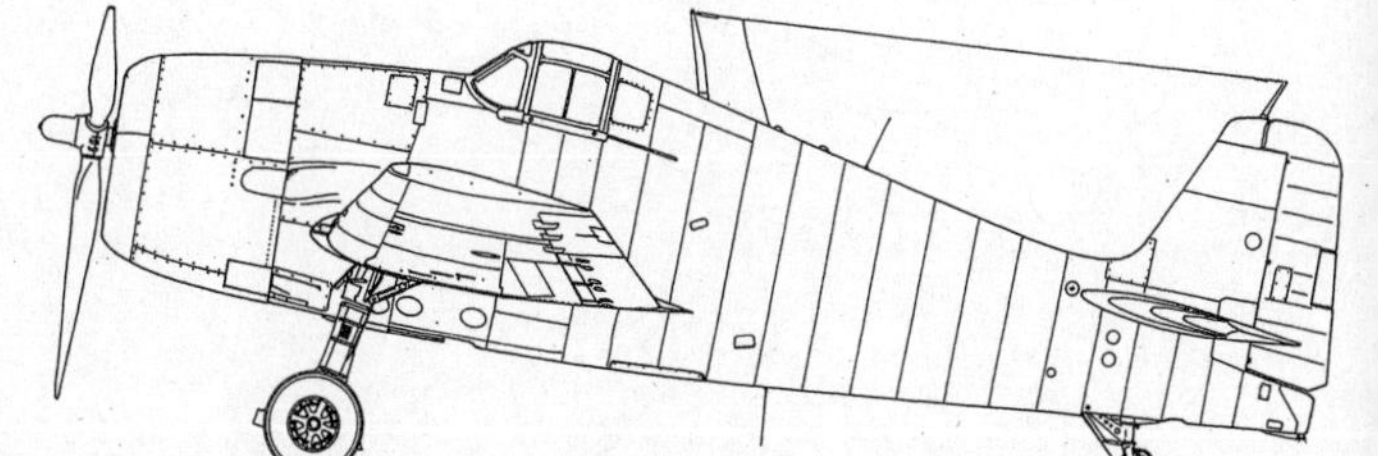

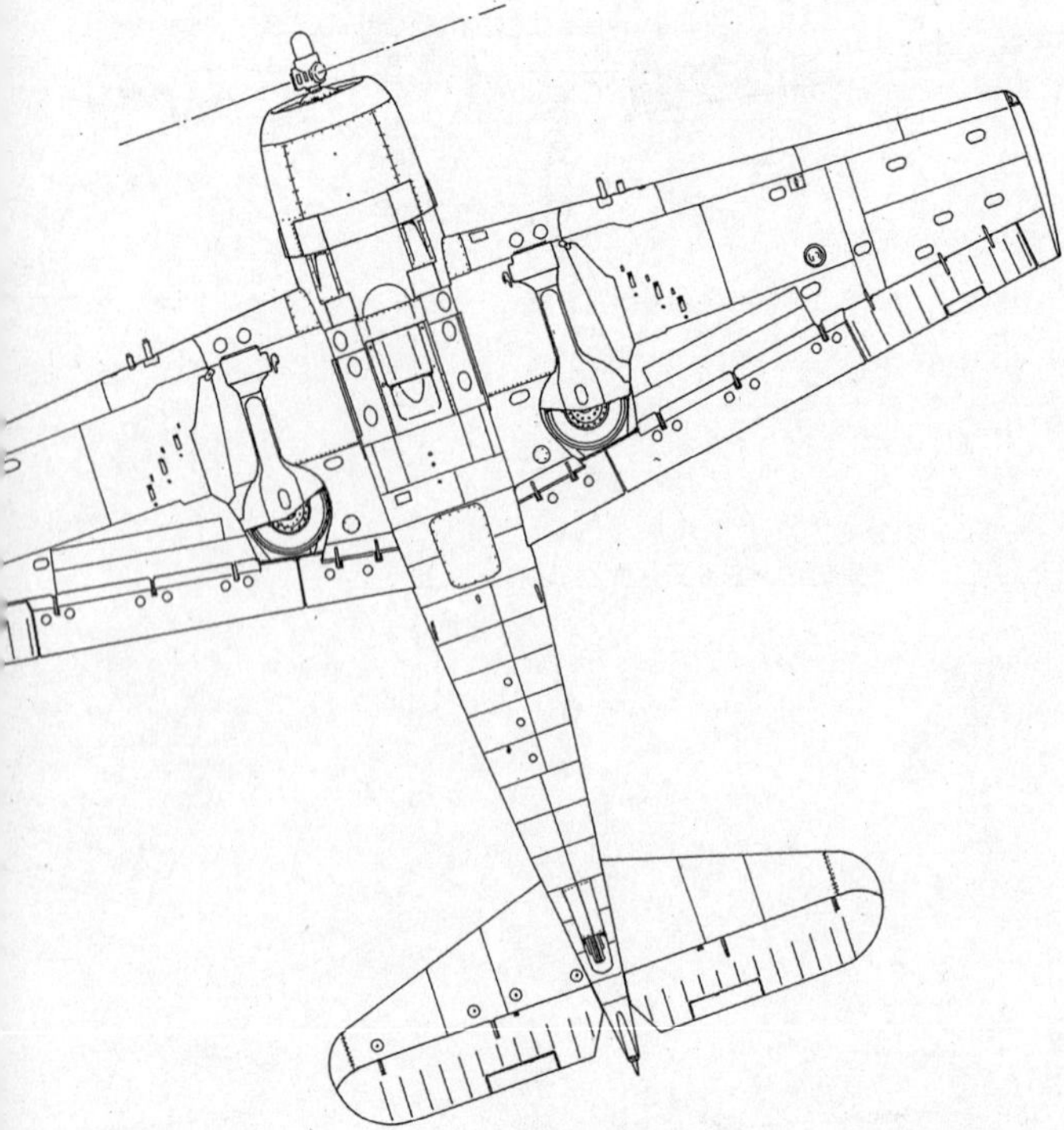

XF6F-1

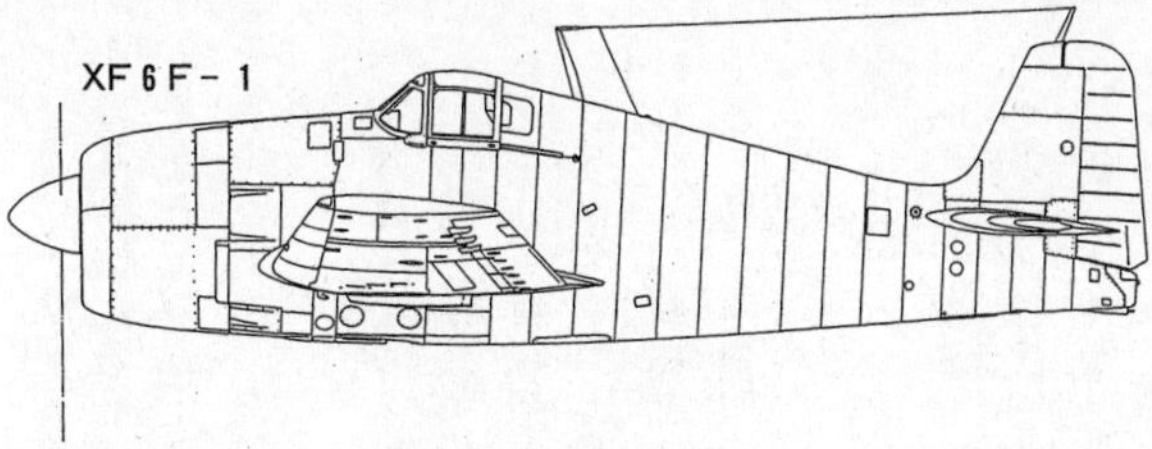

F6F-5

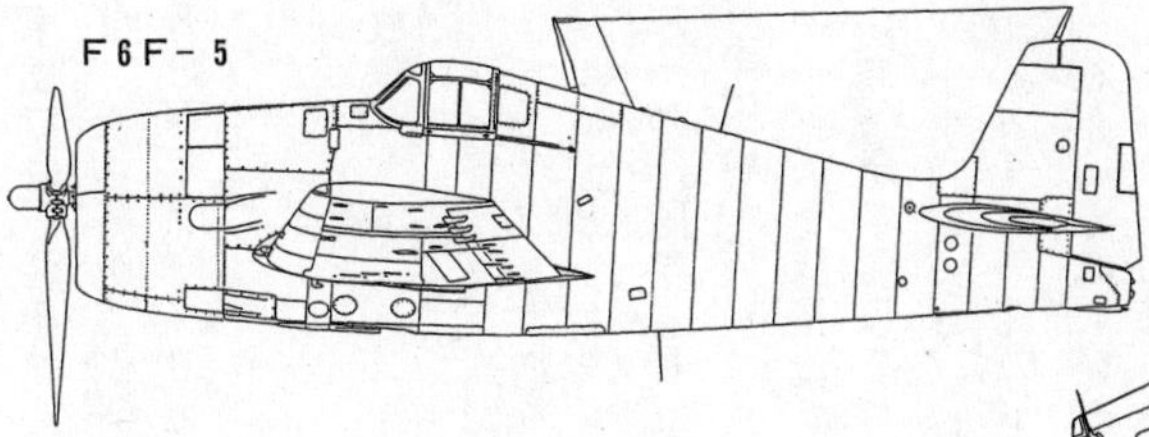

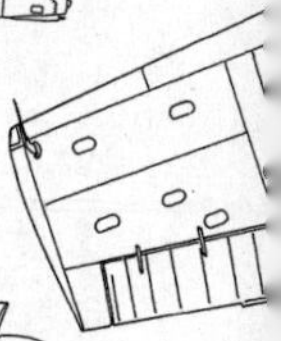

F6F-5(落下増槽装備)

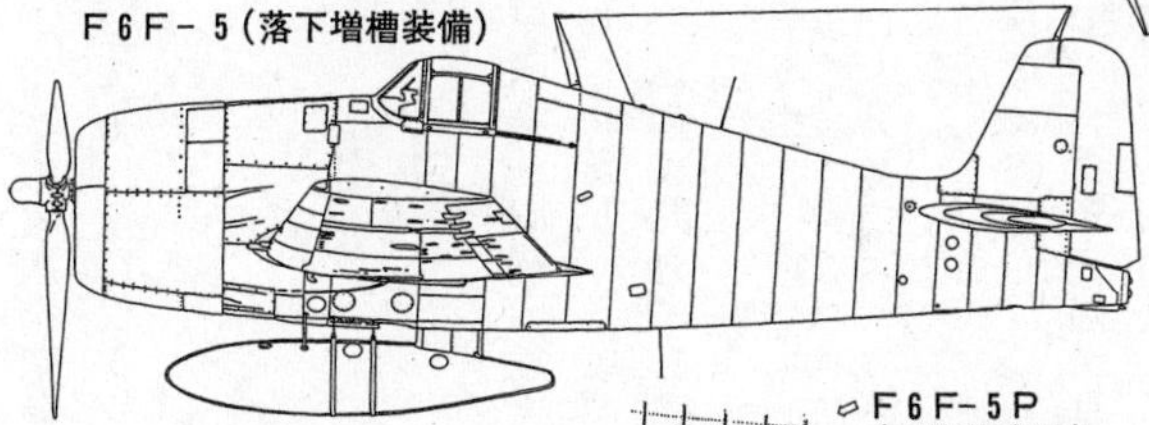

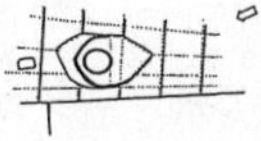

F6F-5P
(写真偵察型)

F6F-5N

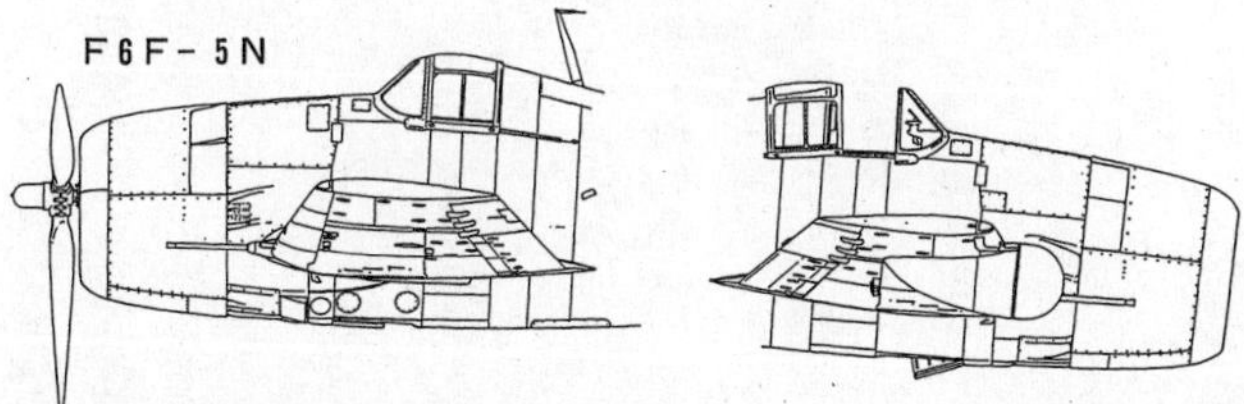

なわれ、一九四二年末までにそれをおえて、こんどはテストを完全にパスすることができた。やはり名機たるものは、たとえ欠点が見いだされても、その修復を早期に解決できる自在性をそなえている。これはノースアメリカンP51「ムスタング」にしても、また「零戦」にしてもそうであった。

初陣はマーカス島攻撃

一九四三年（昭和十八年）一月十六日、量産F6F-3「ヘルキャット」は米海軍にひきわたされ、新鋭空母「エセックス」の海軍戦闘機隊第9戦闘中隊に配属された。「エセックス」艦上でじゅうぶんに訓練がかさねられたが、新戦闘機として実戦に参加し、はじめての勲功をあげたのは同年八月三十一日、および九月一日における第51機動部隊のマーカス島（南鳥島）攻撃であった。

この作戦には「エセックス」級空母二隻——「エセックス」「ヨークタウン」——と軽空母「インディペンデンス」が参加しており、「ヨークタウン」の第5戦闘中隊のF6F-3「ヘルキャット」が、まず同島攻撃にむかったのである。「エセックス」の第9戦闘中隊「ヘルキャット」もまた、三十一日の午後から作戦に参加している。

原型XF6F-1の初飛行から戦闘初出陣まで、わずか一四ヵ月しか経過しておらず、F4U「コルセア」のそれが二二ヵ月、また「零戦」が一七ヵ月（ノースアメリカンP51「ムスタング」の一二ヵ月はイギリスむけで異例）であるのをみれば、いかにスピーディーな就役ぶ

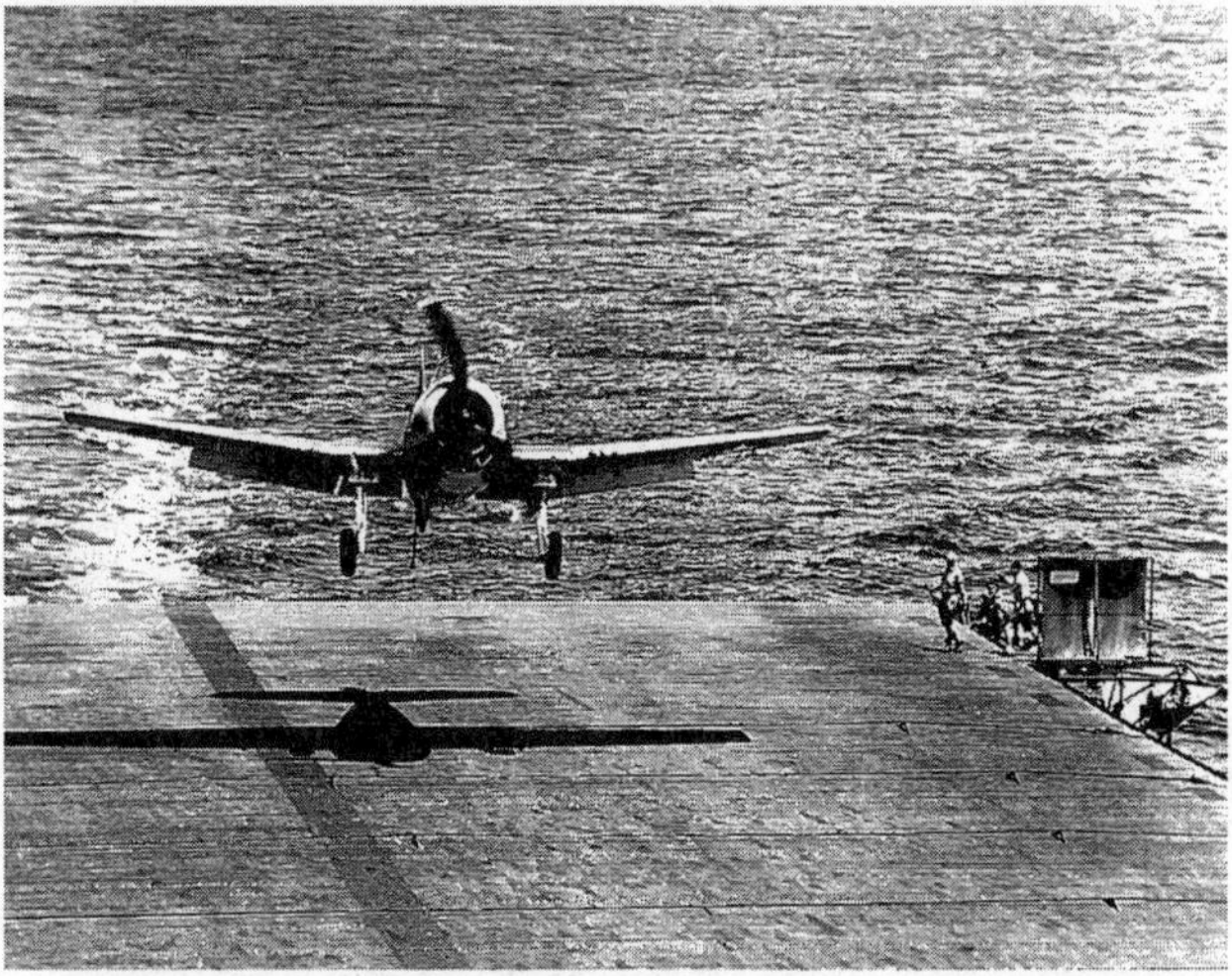

初陣となったマーカス島攻撃より帰還するF6F-3ヘルキャット。

りかがわかるであろう。

太平洋戦開始後一年二ヵ月たらずで、日本軍が南太平洋の拠点ガダルカナル島から撤退し、ヨーロッパ戦線でもドイツ軍がスターリングラードで降伏したことは、連合軍の連携《れんけい》動作を容易にし、アメリカ軍の太平洋における反攻をいっそう激しいものにした。

したがって、アメリカ国内での艦船の建造と飛行機の生産は、一九四二年後半から一九四三年にかけて急ピッチにすすめられ、アメリカの偉大な国力を如実にしめしたのである。

もちろんグラマン社の月間生産数も、一九四三年八月にはピークの六五八機を数え、年末には太平洋戦争開戦後のアメリカ生産第八〇〇〇番目の機体（Ｆ６Ｆ）を海軍にひきわたした。

太平洋戦線の主力戦闘機に

グラマン社におけるＦ４Ｆ「ワイルドキャット」の生産は、一九四三年五月二十九日をもってうちきられ、以後、ベスペイジの工場ではほとんどがＦ６Ｆ「ヘルキャット」の生産となって、年度末までに総計二五五五機がひきわたされている。

同時に米海軍機動部隊の空母に搭載する艦戦は、Ｆ４Ｆ、ＦＭからＦ６Ｆに転換されていった。いわゆるニミッツ攻勢の先鋒《せんぽう》として、スプルーアンス中将指揮の機動部隊空母に「ヘルキャット」は補充されていったが、「ヨークタウン」「レキシントン」「エセックス」各クラスの標準配置は、Ｆ６Ｆが三八機、ＳＢＤ急降下爆撃機が二八機、ＴＢＦ雷撃機が一八機であった。

いっぽう、軽空母や護衛空母用にのこされたＦ４ＦあるいはＦＭは、ＴＢＦ「アベンジャー」とともに重用され、戦争終結までよくはたらいた。とくに「レンジャー」に搭載された機は、遠くノルウェー海岸のドイツ補給線まで遠征し、Ｆ４ＦとＴＢＦがチームを組んで、ドイツ潜水艦（Ｕボート）狩りをおこない、一八隻中一七隻を破壊した。

マーカス島の初陣、およびソロモン、ブーゲンビル、ニューブリテン各島における「ヘルキャット」の活躍は、あるていど予想されたことではあったが、米海軍およびグラマン社の人びとを喜ばせるのにじゅうぶんだった。

とくに「零戦」との対決で、Ｆ４Ｆでは、パイロットの技量が同等であれば、まず勝ち目がうすいところだった。ところがＦ６Ｆなら、格闘戦にムリにもちこまないかぎり互角で、

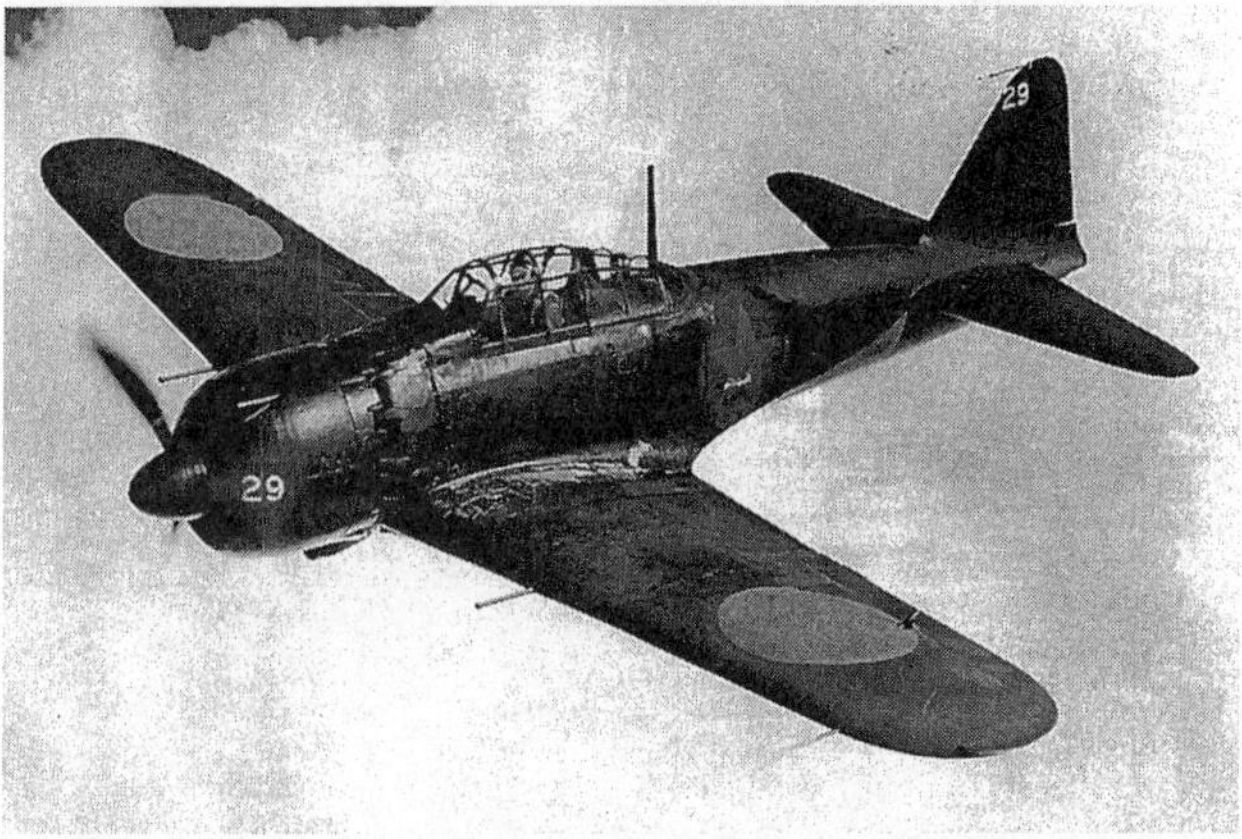

度重なる改良により、零戦の特徴である航続力が大きく低下した52型。

二機のペアで一機に対抗すれば勝てる、という確信をえたことは、戦争終結を早める大きなポイントになった。

つまり「ヘルキャット」によって、太平洋の制空権を奪いかえし、一挙に日本本土上陸作戦を敢行しようという見とおしを、たてられることになったのである。

「零戦」対「ヘルキャット」

F6F-3「ヘルキャット」と「零戦」52型の性能を比較してみよう。

「零戦」52型が時速五六五キロにたいして、「ヘルキャット」は五九四キロと、約三〇キロ速い。わずか三〇キロではあるが、空戦で有利な体勢にするためには、きわめて貴重な速度差である。モデルチェンジ前の「零戦」21型と「ワイルドキャット」は五三三キロと五三一キロで、ほとんど差はない。

エンジンの出力からいえば、グラマンはＦ４ＦからＦ６Ｆへのモデルチェンジで、一二〇〇馬力から二〇〇〇馬力と八〇〇馬力もアップした。これは、開戦時から一九四四年までの三年間にである。

いっぽう、「零戦」は一九四〇年（昭和十五年）夏から終戦までの五年間に、11型の九五〇馬力から52型の一一三〇馬力へ、わずか一八〇馬力のアップである。

こうしてみると、八〇〇馬力マイナス一八〇馬力、すなわち六二〇馬力の差が時速三〇キロとは、いかにも効率が悪い。このアメリカ式の力で押しまくる強引なやり方は、柔《やわら》の手法により、きわめて少ない力で、大きな効率をあげようとする日本式からみると、およそバカバカしく思えるであろう。

しかしこの大きな馬力差によって、アメリカはよりすぐれたポイントを多くかせいだ。まず搭載量（燃料を主とする）、つぎに火力（一二・七ミリ機銃六梃）、防御力（計九八キロの防弾鋼板）、そして強化構造……。

「二〇〇〇馬力をつけながら、この程度のスピードでは凡作《ぼんさく》だ」

「艦上戦闘機としては重量過大だ」

という日本側の批評はうるさいが、なにしろ超スピードの開発と実戦参加の機体であるし、日本的設計思想とは相反する理念に立ってのものだから、そうなったのも当然であろう。

しかし「零戦」の後継機「烈風」の大きさが、「ヘルキャット」とほぼおなじになったのにたいして、Ｆ６Ｆ「ヘルキャット」の後継機Ｆ８Ｆ「ベアキャット」が、逆に小さくされたのは、なんと皮肉なことだろうか。

開発の時期から考えると、「零戦」52型が一九四三年夏の改造完成なのにたいし、F6F-3はそれより一年も早い一九四二年夏であった。また「烈風」のそれは一九四四年春で、XF8F-1も同年初夏である。

ところが、「烈風」の試作命令がだされたのは一九四二年の春で、開発に二年かかったというのに、F8Fの場合は、開発に要した時間がわずか九ヵ月であった。

それはともかく、戦闘機にとって大切な上昇力はどうだったか。F4F「ワイルドキャット」の海面上昇率が毎分八八〇メートルであったのにくらべ、F6F「ヘルキャット」は毎分九一五メートルにアップされている。「零戦」52型は、海面上昇率は毎分約一〇〇〇メートルだ。

つまり、低空における上昇力は「零戦」がまさっているが、五〇〇〇メートルあたりにおけるそれは、エンジンの違いによりF6Fのほうがよくなる。そのことからアメリカのパイロットは、低空で空戦にはいると格闘域を中高度にひきあげるように努力した。

実用上昇限度というのは、飛行機がまだ上昇する能力はあっても、それ以上はエンジンの馬力が低下して、時間がかかりすぎる状態となる高度をいうが、「零戦」52型が一万一七四〇メートルにたいし、F6Fは一万一五三〇メートルとほぼ同じである。まずこの高度で巡航飛行をしたり、空戦したりすることはなく、五〇〇〇メートル付近におけるエンジンの能力を最高度に発揮させることが、アメリカを優位におくカギとされた。

こうしてF6F「ヘルキャット」にたいする米海軍、およびグラマン社の努力は着々と実をむすび、生産も順調に伸びて、一九四三年(昭和十八年)末には主力戦闘機の座におさまることになる。

5 日米、空の死闘

五一五六機撃墜したF6F

太平洋戦争におけるF6F「ヘルキャット」の活躍ぶりが、本国につたえられはじめたのは、もちろんマーカス島初出撃後で、一九四三年秋になってからである。

それまでは、F4F「ワイルドキャット」が、一式陸上攻撃機、九七式艦上攻撃機などにたいしては大きな戦果をあげながら、「零戦」にたいする格闘戦でマイナスになっていた。また戦闘の余暇を、本国で一時すごしに帰った海軍航空隊員や海兵隊パイロットたちは、こぞって「ヘルキャット」の優秀性を語った。それは「ワイルドキャット」はまだしも、「バッファロー」でさんざんな目にあった反動とみることもできよう。そこでアメリカ国民は、「ヘルキャット」を、パールハーバーの恥辱をすすぐことのできる大きなファクターと考えたのである。

結論からいえば、太平洋戦争をつうじて米海軍（海兵隊をふくむ）が撃墜した日本機の総数は、アメリカ側の発表によると九二八二機にたっする。これを空母機に限定すると六四七七機で、そのうち四九四七機は「ヘルキャット」が撃墜したものだ。さらに海兵隊の戦果二〇九機をくわえると、じつに五一五六機となり、一機種による日本機撃墜の最高記録となっている。

もちろんこの数字は、「零戦」ばかりではなく、一式陸攻や九七式重爆、九七式艦攻、零式輸送機、各種水偵、飛行艇をふくめてのものであるが、「ヘルキャット」の出現によって米海軍の戦力がいかに増大したかは、つぎの比率をみれば容易にわかるだろう。

一九四一年暮れの開戦から一九四二年にかけて、米海軍機が二六六機撃墜されたのにたいして日本機は八五八機撃墜され、その比率は一対三・二だったが、一九四三年になると二三三機にたいして一二三九機となり、比率が一対五・三になった。ところが一九四四年には、二六一機対四〇二四機で、比率は一対一五・五、さらに一九四五年（終戦まで）には一四六機対三一六一機で、比率はじつに一対二一・六と大きくひらいた（米公刊史による）。

これを総合すると、撃墜されたのがアメリカ九〇六機にたいして日本九二八二機であるから、比率は一対一〇・二となり、戦争後半には「ヘルキャット」がいかに荒かせぎをしたかがわかる（日本機の撃墜数に、混戦によるダブリがあるのはもちろんである）。

このおそるべき数字は、米海軍機が頑丈で、必要以上に防弾装備がよいためであり、日本海軍パイロットたちに、「いくら撃っても人は傷つかず、また燃料タンクも燃えない。よほど撃ちどころがよくないと撃墜できない」と慨嘆《がいたん》させたものである。

日本のエースも認めた優秀性

格闘性も、およそバカにならなかった。著名な航空史研究家であるイギリスのウィリアム・グリーンは、つぎのようにのべている。

「A6M2（『零戦』21型）とA6M3（『零戦』32型）との戦闘で、『ヘルキャット』のパイロットは、たとえ彼らがいかに巧みでまさっていようとも、確実に敵の上位へ機をもっていくように配慮していた。

この結果、米戦闘機（『ヘルキャット』）のよりすぐれたスピード、ダイブ、高空性能が、三菱戦闘機（『零戦』）を〝うらみの格闘戦〟にもちこむことなく撃破できることがわかり、いろいろな応用戦術をあみだすことができた。

だいたいF6F－3は、もっとも巧みに操縦されたにせよ、『零戦』の初期の型では、何とか互角に勝負できた。しかしグラマンは、相手の極端な小まわりについてゆけず、しばしば『零戦』の小まわりにひきずりこまれて、失速におちいることもあった。

操縦のうまい日本のパイロットは、F6Fをさけるのに水面すれすれの高度へさそい、きりぬけることもある。

あるとき『零戦』を追いかけたF6F－3は、『零戦』とともにぎりぎりいっぱいの九〇度旋回をおこなっていた。すると体勢がいれかわったので、F6F－3は相手をさけるためダイブし、機をいっぱいにひねった。

こうして互いに撃ちあいとなり、F6F-3はそのごつい構造で『零戦』の七・七ミリ機銃をはねかえしつつ、ついに一二・七ミリ機銃六梃の少数有効弾で日本機を破壊し、燃えあがらせてしまった」

つまりグラマンの特性を生かした格闘戦の模様が、よく描写されている。

じっさいに「零戦」に乗って、F6F「ヘルキャット」とわたりあった日本海軍のパイロット、横山保《たもつ》中佐も、その優秀性を率直に認めている。

「アメリカ軍は四機をもって一つのフライト、その二機と二機をもって、それぞれエレメントとしていた。どんなときでも二機のエレメントが一つの単位として行動する。一機が攻撃にはいれば、他の一機が後方、上方警戒および支援につき、二機が戦闘にはいれば、他の二機が同様な任務につくといったように、わが方のつけいるスキがないほど、みごとな編隊威力を発揮していた。

〝グラマンF6Fの戦法としては、このほかに〝ズーム・アンド・ダイブ（急上昇・急降下）攻撃を多く採用していた。これは高い高度から急降下で接近し、旋回して一連の射撃をおこない、また急上昇して退避する。この一連の射撃が、発射速度のはやい六梃の銃から流れるように撃ってくるので、その弾幕で相手の飛行機をつつみこむという威力があった。

またムリな攻撃はせず、味方が不利な態勢にあると判断したときは、さっさとひきあげてふかいりしない。そのかわり優位な態勢や兵力の場合は、敢然と攻撃してくる。すなわち勝ちやすきに勝つという〝孫子の兵法〟を心得ていたわけである」

横山保中佐といえば、大尉時代に、第十二航空隊の指揮官として昭和十五年（一九四〇年）八月から「零戦」11型の実戦テストを漢口基地でおこなったことのある練達のパイロットである。戦後は航空自衛隊第七航空団の司令もつとめているが、この彼がF6Fならびにアメリカのパイロットの技量をほめているのだから、前にのべてきたことがけっしていいすぎではないことがわかるだろう。

「ラバウル方面の航空戦でも、F6Fが出現してからは、質、量ともに圧倒されて、苦しい戦闘となった。一対二、一対三の相手で戦ってきた名人パイロットたちは、第一段階（ミッドウェー海戦）までは数多くいたが、多くの激戦でつぎつぎにうしなわれ、じゅうぶんな訓練をうけていない新しいパイロットになるにつれ、しだいに劣勢となっていった。

そして最後に、質においても量においても、圧倒的な優勢をもって、米空軍はおそってきたのである。もしわれわれにグラマン程度の戦闘機があったらと、切歯扼腕《やくわん》して空を見つめたことであった」

横山保中佐は、F6F「ヘルキャット」との苦しかった対決を、このように語っているが、パワー・アップをしない、いや構造が弱いため、それができない「零戦」のモデルチェンジにたいして、歯がゆい思いをしたことが、容易に想像できる。

新人でも乗れた「ヘルキャット」

パイロットに関しても、日本とアメリカではその考え方や技術面に大きな差があった。日本は少数精鋭主義をとり、アメリカは大量即製主義をとったのである。

ワシントン、ロンドン両軍縮会議によって、日本海軍は艦艇の不利を航空兵力でおぎなうことになったが、やはり国力の不足から高性能機を多数とりそろえることはできなかった。そこで日本人気質まるだしの、軽くて操縦性のよい戦闘機を、訓練につぐ訓練で、練磨された少数パイロット（予科練出身者もふくめて）の手にゆだねるという方法をとった。

それは必然的に、ぎりぎりいっぱいの強度をもった個性的機体が、ベテラン・パイロットの名人芸によって操作されるという、局地戦にはもってこいだが、現代の物量作戦に逆行する道をあゆんだのだった。

ところがアメリカは、じょうぶで稼動性のいい戦闘機に、大量の即製パイロットをつぎこんで新手新手と押しまくる、航空消耗戦に徹したやり方でのぞんできたのだ。もっともアメリカは、自動車の運転や機械の操作をだれでも経験していてメカに強いということもあり、日本でいう新人とは意味がちがうが、こうしたことからF6F「ヘルキャット」は、まさに即製パイロットおあつらえむきの機体だったといえよう。

〃皮を斬《き》らせて肉を斬る、肉を斬らせて骨を斬る〃とは、日本武士道のことばだが、ベテラン・パイロットたちは、これをそのままとりいれたような空戦をおこなった。

つまり操舵応答（パイロットの操作する舵の量だけ確実に舵が利《き》いてくれること）のすぐれた「零戦」によって急旋回からひねりこみ、相手のふところにとびこんでトドメを刺すという格闘巴《ともえ》戦法で、これはいわゆる高等飛行術であり、即製のパイロットにはとてもできない技

編隊飛行するF6F-3。零戦との空戦に同機は常に複数で挑んできた。

術である。そのため、ベテランをつぎつぎとうしなった太平洋中盤戦以後は、新人の乗った「零戦」が新人の操縦するF6F「ヘルキャット」に圧倒される結果となった。

「零戦」はいっとき「ヘルキャット」の真うしろにくらいつき、七・七ミリ機銃を撃つ。しかし「ヘルキャット」のパイロットおよび燃料タンクにつけた防弾装置は厚く、人は傷つかず火もはかない。こんどは二〇ミリ機関砲を撃つ。しかし発射速度がおそいため弾道がさだまらず、ベテランのようにうまく急所にあたらない。

そのうち体勢がいれかわるか、ペアを組んでいたもう一機の「ヘルキャット」が「零戦」を追う。「零戦」の射程よりかなり遠くから、腰だめ的な一二・七ミリ機銃六梃の発射速度の速い弾丸が、バラバラとあちこちに命中する。防弾装置のほとんどない「零戦」

は、まるでライターのように火を発し、あえない最期をとげる。

こういった空戦情景が随所で見られるようになっては、もう日本も〝万事休す〟であった。

戦争という冷厳な事実の前に、あまい感傷は許されない。「零戦」がすばらしかったとはいえ、グラマンのような改良進歩をおこなえなかった弱点に目をふさいではならないし、名人芸によってその特性を発揮できたことを、いつまでも誇っていてはならない。

新人でも乗りこなせる使いやすさ、敵に先んじて少しでも性能のよい機体を早く戦場へ送りこんだことが、勝利につながったという事実を、直視しなければならないのである。

夜戦型「ヘルキャット」も開発

一九四四年四月までに生産された全F6F－3四四〇二機のうち、二五二機が武器貸与法によってイギリスにおくられ、「ガーネット1」（すぐに「ヘルキャット1」とあらためられた）とよばれた。

これは、一九四三年七月から英艦隊航空部隊に配属され、空母「エンパラー」の第800戦隊の主力戦闘機となった。そして十二月には、ノルウェー沖のドイツ艦船攻撃に参加し、さらにその一部は、インド洋方面で対日作戦に出撃しているので、英海軍「ヘルキャット1」と「零戦」とは顔をあわせていると思われる。

一九四三年の夏以後、日本海軍航空隊は、損害の激増とレーダーの不備をカバーするため、夜間攻撃に重点をおくようになった。そこで米海軍も、F6F－3の夜間戦闘機型をいそいで開発した。

これは右翼の先端ちかくに流線型レドームのレーダーをとりつけたもので、接近する敵機を的確にとらえ、いちはやく集中攻撃をかけようというものである。レーダーの種類によって二型式あり、AN／APS－4レーダーつきはF6F－3Eとよばれて一八機、AN／APS－6レーダーつきはF6F－3Nとよばれ、一二五機生産された。

夜戦型ヘルキャットの主翼端に取りつけられたレドーム。

このF6F－3Nを駆《か》って初の戦果をあげたのが、空母「レキシントン」の危急を救った海軍のエース、エドワード・オヘア少佐（名誉勲章をうけると同時に進級）である。彼はなかば伝説化した一九四二年二月二十日の戦闘が、単なるラッキーでなかったことをうらづけるように、一九四三年秋までに六機を追加し、そのスコアを一一機にのばしていた。

ガダルカナル以来、反攻に満を持していたアメリカ軍は、一九四三年十一月五日、十一日と二回にわたり機動部隊をもってラバウル攻撃を開始し、さらに十三日から十九日にかけてはギルバート、マーシャル両諸島を連日にわたって空襲した。

そして二十日に、海兵隊と陸軍部隊をタラワ、マキン両島に上陸させ、血みどろな一大攻防戦が展開された。アメリカは空母「インディペンデンス」が大破、「リスカムベイ」を撃沈されたものの、二十五日には両島を占領、飛行場も完成した。

この上陸作戦を援護するため、第50機動部隊が参加していたが、オヘア少佐は、その空母「エンタープライズ」の第6攻撃航空大隊長に任命されていた。トラック島を基地とする日本機は、至難の技ともいえる夜間攻撃によって、米機動部隊に損害をあたえた。

十一月二十六日午後七時三十五分、「エンタープライズ」のレーダーが、接近する四〇機の日本機群をとらえた。ただちに、オヘアはF6F－3Nにとび乗り、ほとんど暗くなった洋上へ発艦していった。

つづいてアンドリュー・スコン少尉の同型機、そしてジョン・L・フィリップス少佐のTBF「アベンジャー」(雷撃機)が発艦した。この迎撃編成はオヘアがF6F－3Nを受領するにあたって考案したもので、ASB－1レーダーを装備したTBF一機と、これに誘導されたF6F－3N二機が、三機一組となって迎撃をおこなうものである。

オヘア少佐夜陰に散る

この日は、空母艦載機によっておこなわれた最初の夜間迎撃作戦であり、オヘアらは、その最初の迎撃隊だった。

三機は暗やみの中、日本機をもとめて飛んだが、なにも発見できなかった。ややあせったオヘア少佐は、フィリップス少佐とスコン少尉にきいた。

「何かみつからないか」

「ぜんぜん。それに大隊長の機影もわからんのです」

「よし、お互いに室内灯をつけよう」

このとき「エンタープライズ」を中心として半径八キロの円内に、照明弾が投下された。日本雷撃隊の投下したものである。

さらに右舷方向に一八個の閃光《せんこう》信号弾がおとされ、「エンタープライズ」は暗やみの中にくっきりと浮かびあがった。

「フィリップス、左舷方向があぶないぞ。注意しろ!」

「よし、すぐにさがす」

フィリップスが日本攻撃機の大編隊をレーダーにとらえるのに、時間はかからなかった。

「アンディ(スコン少尉)! 好きなやつをやっつけろ」

「はい、左の敵機にかかります」

その声のおわらぬうちに、オヘアはおぼろげに見える日本攻撃機にむけて一連射をあびせた。曳光弾が彼の目をくらませたのと、目標にパッパッと閃光がはしるのと同時だった。

オヘアの二機目のスコアだ。

「オヘア、敵一機、君の上からダイブしてくるぞ」

フィリップスが叫んだとき、彼の後部射手は、確実にその機へむけてレーダー射撃をはじめた。救われたオヘアは、つぎの目標にたいして距離をぐんぐんちぢめていった。

それっきり、オヘアとフィリップス、スコンとの連絡はとだえた。二人がいくらよびだしても、まったく返答がなくなったのである。

十一月二十七日の夜があけて、第50機動部隊の一〇〇機が空から六〇キロ四方の海域を捜索したが、夜間迎撃隊の撃墜した九七式艦攻の漂流物と油を発見したほかは、オヘアのF6F-3N「ヘルキャット」の破片を発見することができなかった。

おそらく味方のレーダー対空砲火により、撃墜されたものと思われ、米海軍はまもなく「行方不明」と公表、一年後に「死亡」を告示した。

ギルバート上空、日米決死の攻防

〝エース・オヘア〟の死は、アメリカに大きな衝撃をあたえた。「不死身のオヘアが死ぬはずはない」という伝説的な信念が、アメリカ国民を支配していたからである。

なかでも彼をそだてた〝サッチ・ウィーブ〟で有名なジョン・S・サッチ（〝ジミー〟サッチ）中佐は、つぎのように追悼している。

「オヘアは、ミッドウェー救難のときの実戦初参加まで、空戦射撃訓練は一〇時間だった。それなのにあの正確無比の射撃と戦果だから、驚異としかいいようがない。彼はまさに空戦の天才だった。オヘアのような男は二度とでないだろう」

そういえば、日本陸海軍戦闘機隊をつうじて最高のスコア（八七機）をもつ西沢広義中尉も、予科練（乙七期生）入隊の前は生糸《き いと》工員で、ラバウル進出後アッというまに撃墜数をかさね、上下の信頼をあつめたということである。彼もまた、零式輸送機に乗せられて任地（ルソン島マバラカット）にかえる途中、ミンドロ島カラバン上空でグラマンF6F「ヘルキャット」二機に遭遇し、撃墜されてしまった。

オヘア少佐といい西沢中尉といい、戦死したのが直接、自らの失敗からではなかったというのは、超エースとしてなにか因縁めいたものを感じる。

なおサッチ中佐は、太平洋戦争中に七機撃墜してエースとなり、戦後は海軍航空作戦本部代理長官に任命された。

ギルバートの戦闘は、両軍必死の攻防によって凄絶をきわめたが、日本海軍航空部隊の迎撃、進攻戦も熾烈だった。マーシャル群島のタロア基地から出発した「零戦」隊、九七艦攻隊、一式陸攻隊は、暗やみに乗じてレーダーをさけながら米機動部隊、上陸アメリカ軍にたいし、攻撃をくわえた。

なかでも「零戦」隊は、昼間タラワ、マキン両島の上陸軍に銃爆撃をおこない、これを阻止しようとするF6F-3「ヘルキャット」と壮絶な空戦をくりかえした。

とくに両島の三〇〇〇人の海軍陸戦隊と一五〇〇人の軍属が玉砕した十一月二十五日には、二五二空の福田澄夫少佐（海兵六九期）のひきいる「零戦」二四機がマキン島の銃爆撃にむかい、途中でF6F五〇機と交戦、その一一機を撃墜（不確実四機）したが、六機をうしなっている。

F6F二機にたいして「零戦」一機の空戦なら勝てる、とアメリカ側が自信をもちはじめた当時、半数の劣勢でこれだけの戦果は大きい。生きのこりのベテランたちが得意のひねりこみ格闘戦にもちこんだ情景が想像できる。こうした空戦の場合、迎撃する側は格闘戦をせざるをえなくなり、「零戦」の術中にひきずりこまれたのであろう。

これらの作戦に参加していた日本海軍の空母「瑞鶴」は、一週間で艦戦隊の八割ちかくのパイロットをうしなったが、アメリカ側の損害も他の戦闘にくらべてはるかに大きく、「零戦」とF6Fの一大決戦を展開していたのである。

「アベンジャー」期待されて登場

ここでF6F「ヘルキャット」とともに、日本艦船の雷撃に活躍した、おなじグラマン社のTBF「アベンジャー」についてふれておこう。

米海軍が、第二次大戦のはじまったころそなえていた艦上攻撃および爆撃機は、ダグラス社のSBD「ドーントレス」とTBD「デバステーター」およびヴォート社のSB2U「ビンディケーター」であった（SBは偵察・爆撃機、TBは雷撃・爆撃機、Dはダグラス社、Uはヴォート社）。

当時のダグラス社は、DC-3という旅客機のベストセラーを生んだ余勢をかって、空母用の爆撃機や雷撃機も生産していた。SBD「ドーントレス」のほうは、一九四〇年六月かひきわたされて、日米関係悪化のおりから、もし対日戦がはじまっても新鋭機として通用

太平洋戦争中の米海軍の艦載攻撃機。上より、ダグラスSBDドーントレス、ダグラスTBDデバステーター、ヴォートSB2Uビンディケーター。

TBM－3 アベンジャー

する機体であったが、TBD「デバステーター」は一九三七年十月から、ヴォート「ビンディケーター」は一九三八年七月から配属されていて、もはや旧式化はあらそえぬ状態になっていた。

そこでこれらにかわる雷撃の後継機として一九四〇年四月、グラマン社とヴォート社が海軍から試作発注をうけた。グラマ

ンは原型XTBF－1を二機、ヴォートは原型XTBU－1を二機である。

ところがヴォートのTBUは、戦闘機優先用のプラット・アンド・ホイットニーR－2800、二〇〇〇馬力エンジンをつけることになっていたため難航し、爆撃機用のライトR－2600、一七〇〇馬力エンジンを装着したグラ

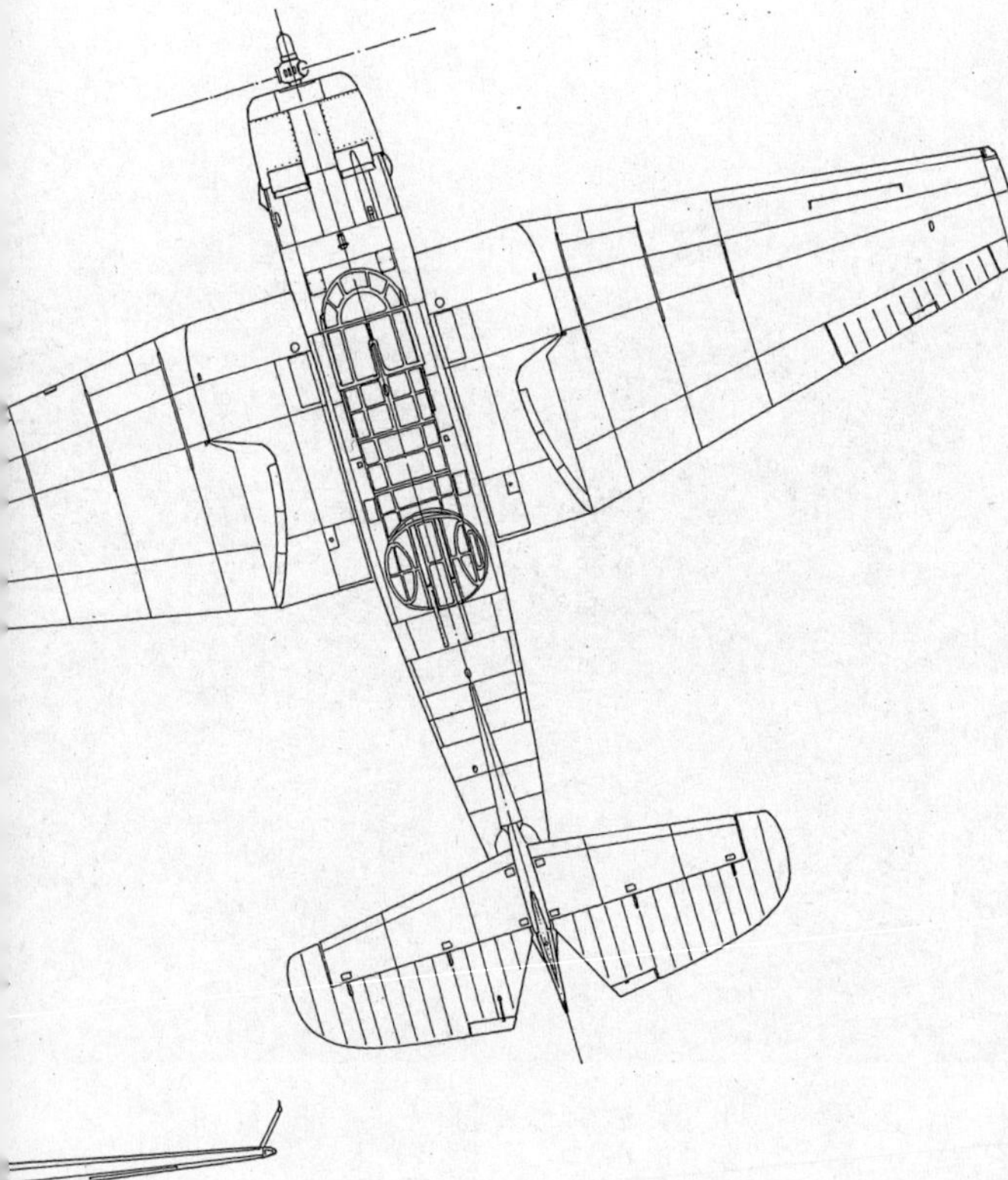

グラマンTBF－1アベンジャー

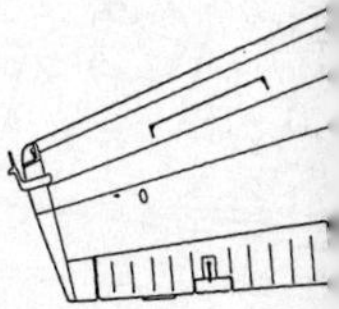

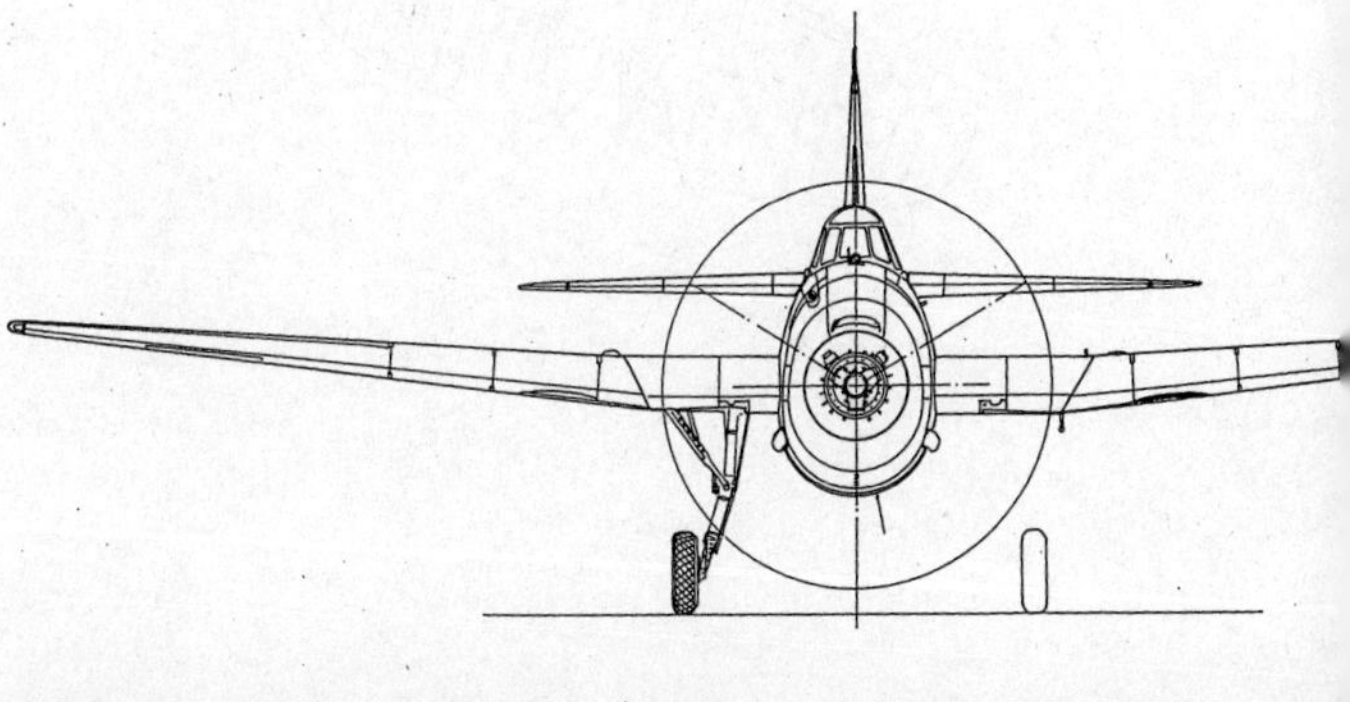

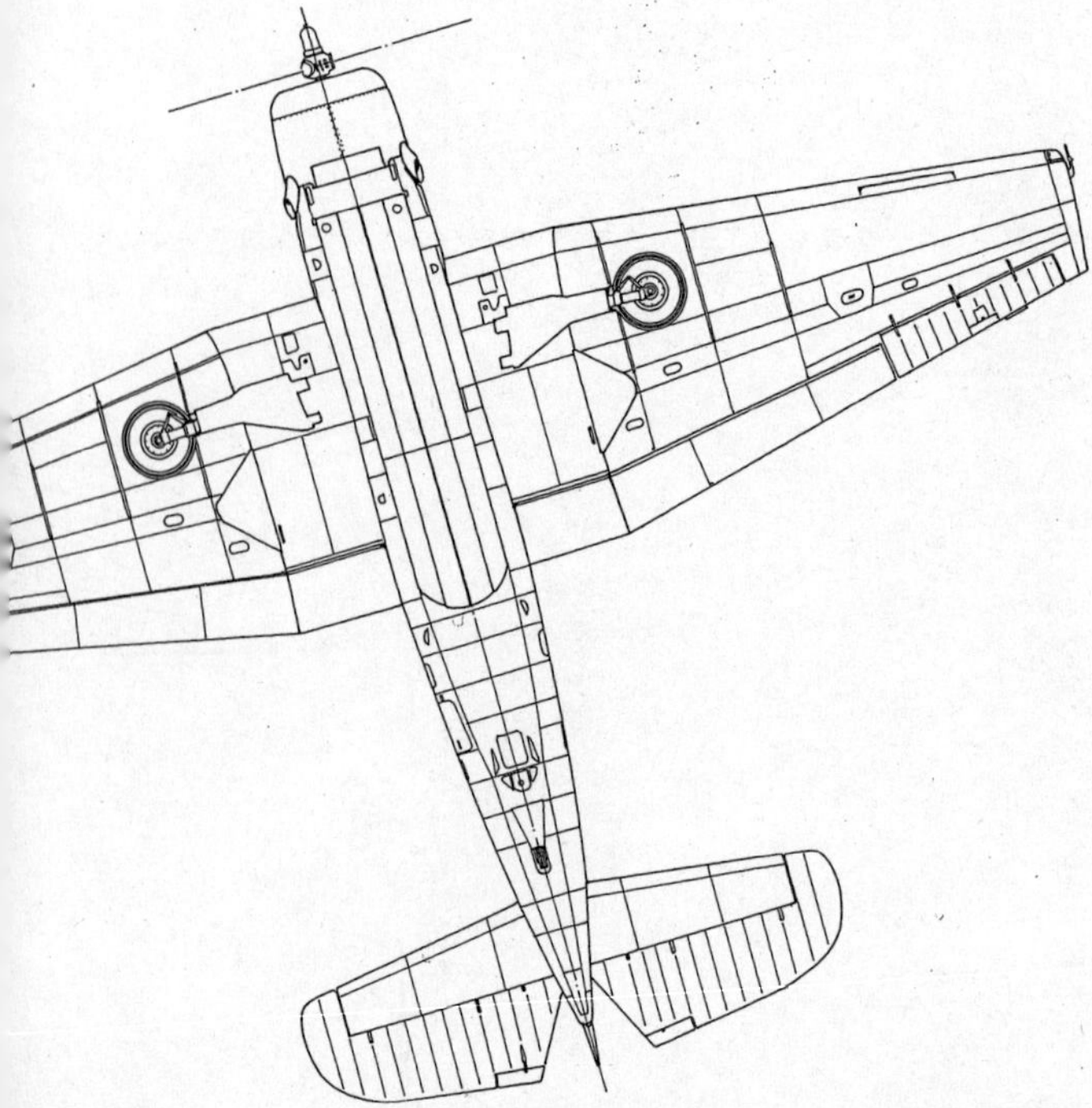

グラマンTBF－1アベンジャー

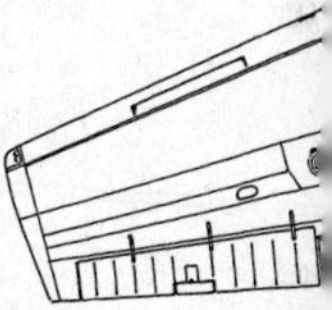

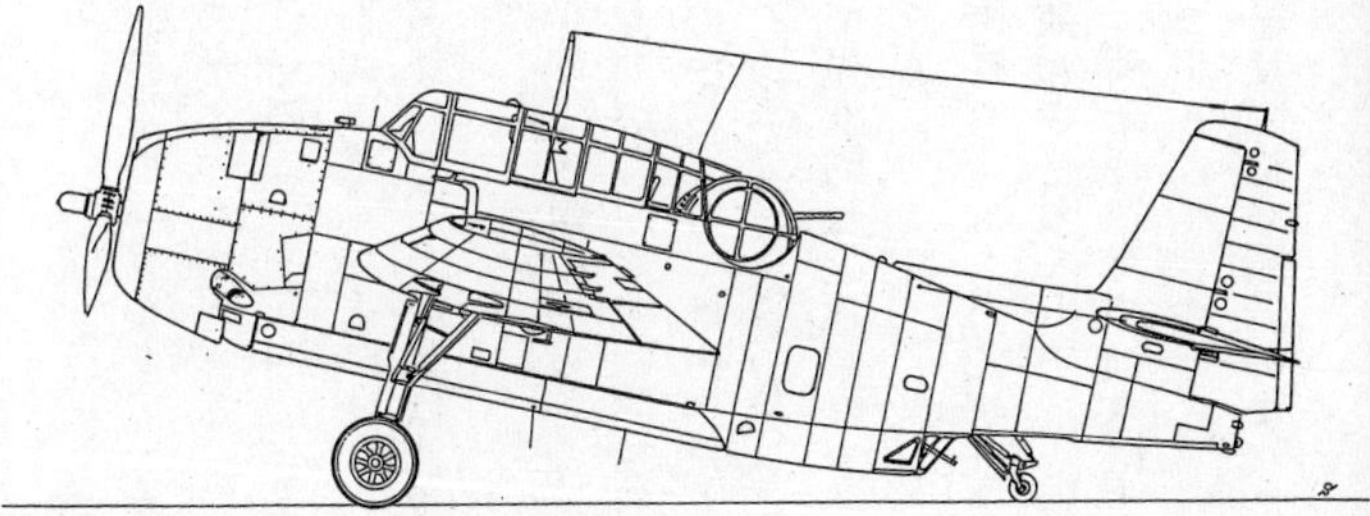

マンTBFが採用となった。

のちに戦闘機でも、グラマンF6F「ヘルキャット」とヴォートF4U「コルセア」が先をあらそったわけだが、両社のライバルあらそいは、宿命的なものがあったのである。「TBF－1を二八六機生産せよ」という海軍の発注命令がだされたのは、一九四〇年十二月二十三日で、試作発注からわずか八ヵ月しかたっていない原型機の完成前であった。日米関係がますます悪化してゆくとき、旧式なTBDでは心もとないと、米海軍は焦燥にかられてきたからだ。

当時の日本における艦上攻撃機といえば、約一年後にパールハーバー攻撃の主役となった九七式1号および3号艦攻（中島B5N）と九九式艦爆（愛知D3A）が、「赤城」「加賀」「飛龍」など主要空母への配備をおわって、すっかりパイロットの手のうちにはいったところだった。さらに後継機「天山」（中島B6N）の試作さえすすめられていたのである。パールハーバー攻撃の結果からみれば、日米開戦の日にそなえて先進的艦上攻撃機をそろえ、新しく開発もしていた日本海軍は、一歩先んじていたことになる。

しかし、米海軍は「レキシントン」「サラトガ」両空母の就役時から、もちろん専任の艦攻・艦爆もあったが、もっぱら艦上戦闘機で偵察・爆撃・雷撃を兼ねさせるやり方をとっていた。そして一九三六年、「ヨークタウン」「エンタープライズ」両新鋭空母の進水により、やっと本格的な艦攻・艦爆の積極的開発をはじめたといういきさつがある。

このような事情から、XTBF－1の原型一号機は、グラマン得意の特急開発によって一九四一年八月一日、初飛行にこぎつけた。のちのF6F「ヘルキャット」がそうであったように、この機体もかなり大きく、九〇〇キロの爆弾または魚雷は、胴体底部倉内にしまいこまれた。

数字の上からいえば、一九四四年から登場した「天山」がまさっているのは当然だが、その稼動率からいえば「アベンジャー」が一番だった。

両外翼の前桁《けた》を軸として前縁をさげ、水平面にたいして垂直に立てた外翼をそのまま後方へ折りたたむという操作は、油圧によって自動的におこなわれ、艦上整備の人手を大幅にへらすことに成功したのである。

「ヘルキャット」とともに大活躍

テスト飛行も順調にすすんでいたところ、十一月二十八日、原型二号機が、爆弾倉隔壁から火をふいて墜落してしまった。さいわい二人の乗員はパラシュートで脱出して無事だったが、その直後パールハーバー攻撃があり、生産計画はいちぢるしく早められると同時に、追加発注がおこなわれた。

「いったいどのようにして、浅いパールハーバーでの雷撃がおこなえたのか」

というのが、グラマン技術陣の疑問点だったが、ともかく一九四二年（昭和十七年）二月から、TBF-1として部隊配属がはじめられ、六月四日のミッドウェー海戦にはその六機が、ミッドウェー基地から日本機動部隊攻撃に初出撃している。

しかしこの初陣では、五機をうしない、ただ一機が、やはり四機出撃したB26（陸軍双発爆撃機）の生きのこり二機とともに帰還しただけだった。

ミッドウェー海戦におけるアメリカの勝利の主役は、ダグラスSBD「ドーントレス」がおこなった急降下爆撃で、TBF「アベンジャー」雷撃機としてはまことに不本意な戦闘であった。

しかし、その後、ガダルカナルの日本艦隊攻撃など数を増すにしたがって古いTBD「デバステーター」と交代し、戦力の低下しはじめた日本海軍を悩ませながら、ついに兄弟分F6F「ヘルキャット」と手を組んで、勝利の立役者となるのである。

TBF－1の量産はゼネラル・モーターズ社でもおこなわれ、TBM－1とよばれて、改良型（一二・七ミリ翼内固定を二梃にし、防弾装置を強化、落下タンクを装備するなど）のTBM－1Cもつくられた。

さらに一九四四年四月には、エンジンをR－2600－20の一九〇〇馬力とし、翼の下にロケット弾や落下タンク、あるいはレーダーをつりさげられるようにしたTBM－3シリーズも生産されている。

グラマン社で一九四二年末までおこなわれたTBFの生産数は二二九〇機（うち四〇二機が「アベンジャー1」の名で英海軍へ供与）、GM社ではTBM－1（1Cをふくむ）が二八八二機（うちイギリスむけ「アベンジャー2」が三三四機）、TBM－3シリーズが四六六四機（うちイギリスむけ「アベンジャー3」が二二二機）、合計九八三六機もつくられた。なお戦後

（一九五三年）も、「アベンジャーA・S・4」の名で、TBM－3Eが約八〇機、英海軍にひきわたされている。

そのほか戦後、フランス海軍、イギリス海軍、日本海上自衛隊（TBM－3W、TBM－3S）にも供与され、数年間就役していたことは、本機のつかいよさを物語っている。日本の九七式艦攻1、2（三菱B5M）、3号、および「天山」の全部をあわせても三七〇〇機にすぎなかったことを思うと、物量ばかりではなく、決定的な国力、戦力の差というものをつくづくと知らされる。

余談であるが、昭和十六年の太平洋戦争開始前、アメリカで『ダイビング・ボマー』という航空映画（総天然色）が封切られた。

つまり急降下爆撃を主題に米海軍の後援で撮影されたものだが、グラマンF2F艦戦、ヴォートSB2U艦爆、ダグラスSBD艦爆などが、「エンタープライズ」「ヨークタウン」などの空母を舞台に乱舞するものだから、日本官憲の目が光った。

「こんな米海軍のすばらしさを日本国民に見せては、百害あって一利なし。日本での上映まかりならん」

というのである。

戦意をうしなわせてはこまるから国民の目をふさげ、と考えたわけだが、すでにこの時点で日本は、戦わずして負ける要素をふくんでいたといえるだろう。

テスト・パイロットに女性も

さらにつけくわえるならば、日本をのぞく世界各国には、女性パイロットが戦争に参加していたことである。

もっとも多いのはソ連で、女性の実戦パイロットが何十人かいたらしい。女性による戦闘機隊のトップエースになったのは、第586赤軍戦闘機大隊に所属する金髪のリディア・リトバク少尉で、ヤク戦闘機で一二機のスコアをあげたのち、ドイツ爆撃機を追ったまま行方不明になった。もう一人はエカテリーナ・ブダノバ中尉で、一一機撃墜ののち戦死したという。

ドイツにも特攻用の〝カミカゼ〟パイロットを志願した女性パイロットはいたが、実戦には参加せずじまいだったし、その他の国の女性パイロットたちも、空戦の結果、戦死したという例はないようである。ほとんどが、戦闘機や爆撃機を空輸して航空部隊へひきわたすか、新造機のテストをする仕事であった。

イギリスの場合は、補助航空輸送隊（ATA）といって、空軍に協力して飛行機を工場から基地に空輸する部隊の婦人隊員である。たとえば二二歳のジョアン・ヒューズ嬢は、「スターリング」重爆撃機から「スピットファイア」戦闘機までの飛行機を空輸し、またレチス・カーチス夫人は、一五〇機の「モスキート」戦闘爆撃機と四〇〇機におよぶ「スターリング」などの重爆撃機を空輸した。

アメリカでは、航空機会社に専属の女性パイロットが勤務していた。グラマン社にも第二次大戦中、三人の女性テスト・パイロットが在籍して、人気をあつめた。セシル〝テディ〟

ケニヨン夫人、バーバラ・キブ・ジェーン夫人、エリザベス・ホーカー嬢で、セシルがブロンド、他の二人はブルネットである。彼女たちが、飛行作業にあたらしい魅力をもたらしたのはいうまでもない。

工場からでてきたばかりの新造機をテスト飛行するのは、それがたとえ戦闘機ではないにしても、かなりきつい仕事である。それを、彼女たちは男性テスト・パイロットに負けずに、まったく申し分なくはたしていた。

飛行時間もみなプロ・パイロットなみのものをもち、平和時であればアメリア・イヤハート（女性として初の大西洋単独横断飛行をし、一九三九年、世界一周飛行の途中、行方不明となる）におとらぬ記録飛行もできただろう。ひとりはノーウォーク上空で事故にあい、パラシュートで無事に脱出、原因の究明に貢献している。

婦人パイロットではないが、グラマン第二工場でエリー湖（五大湖の一つ）の水圧を利用して二万五〇〇〇トンのゴム・プレス装置をあつかっていたのも女性だった。彼女は大柄なブルネット美人で、趣向をこらしたブラウスを身につけ、服装のきちんとしたことで人目をひいていた。

日本では民族思想のちがいから、このようなウーマン・パワーは当時、まったく考えられないことだったが、総力戦時下において、女性もまたメカニックな協力をおこなってきたという欧米人のバイタリティは、やはり認めなければならないことであろう。

6 太平洋の空を制す

戦訓をとりいれ改良につぐ改良

「より速く、よりすばしこく、より強く」という戦闘機の宿命的願望を、グラマンは、戦訓をいちはやくとりいれながらかなえていった。反攻作戦の先頭に立って、「零戦」を圧倒しはじめたF6F-3は、改造されてF6F-5となり、さらに性能をあげた。

F6F-5は、戦争中期から日本でも採用された、パワーアップに効果のある水・メタノール噴射式R-2800-10Wエンジンをとりつけて最大出力二二〇〇馬力とした。それにともなって、エンジン・カウリングの再設計、風防や防弾装備(総重量が一〇〇キロになる)の改良、補助翼と尾部の補強もおこなわれた。

また、四五〇キロ爆弾を二個、胴体下につるし、あるいは地上攻撃用の一二・七センチ・ロケット弾を六発、外翼下のランチャーにつけることもできた。

後期の5型では、一二・七ミリ機銃六梃のうち、内側の二梃を二〇ミリ機関砲にかえ、破壊力を増している。

このような改良の結果、総重量がF6F－3の五・五二トンから五・七八トンにふえ、最高速度は時速六〇四キロから六一二キロにアップされたが、海面上昇率は毎分一〇七〇メートルから九一五メートル、航続距離も落下増槽なしの一七六〇キロから一六二〇キロと、ややダウンした。

しかし、攻撃力と防御力が強化されているので、全体的には「零戦」52型から52型甲または乙へのモデルチェンジよりは、はるかに改良されたものとなっている。

F6F-5N ヘルキャット

敵より一段とすぐれた戦闘機を一歩先んじて大量生産することの重要さを、日本は「零戦」をもって世界にみせつけたのに、そのあとの発展改良が、まったく遅々たるものとなり、宿敵グラマンF4FとF6Fシリーズの大幅な進歩においぬかれてしまったのだ。国力といってしまえばそれまでだが、初期「零戦」の優秀さに酔《よ》いしれた日本人のあまさと油断が、ウサギとカメの寓話《ぐうわ》を現実的なものにしたということができよう。

レーダー装備の夜戦型5N

F6F-3の生産は、一九四四年（昭和十九年）三月までで、四月からはF6F-5にきりかえられたが、その生産ラインからAPS-6Aレーダーを装備した夜戦型のF6F-5Nが生産されている。

夜戦の3N型とおなじように、流線型レドームを、右翼端ちかくに装着していたが、左翼下の爆弾架に強力な探照灯をとりつけたものもあった。その最高速度が高度七七〇〇メートルで時速五八九キロと落ちたのは、やはりレーダー装備による重量増加のためで、それを補ってあまりある夜間戦闘のすばらしさが発揮された（NはNight fighterの頭文字をとったもの）。

それは第541海兵隊戦闘飛行隊が、一九四四年十二月から翌一九四五年一月十一日までの約一ヵ月間に、二二機を夜間撃墜したこと、およびレイテ島の陸軍が、P61「ブラックウィドー」双発夜戦の図体《ずうたい》の大きさに尻ごみして、海軍のF6F-5Nを借用して、つかっていたことをみてもよくわかる。

写真偵察にもちいられたF6F－3Pとおなじく、武装を全部とりはずし、燃料タンクを増設すると同時にカメラをすえつけて、長距離写真偵察機としたF6F－5Pもつくられ、活躍した。

ガ島確保で優位に立つ

ガダルカナル島の争奪戦では、日米両軍とも航空兵力に大きな損害をこうむった。同島をめぐる周辺のいくつかの海戦によって、アメリカは空母「ワスプ」をうしない、「ホーネット」も大破して沈没、「サラトガ」が大破（一九四二年十一月修復）して、一九四二年までに作戦可能なのは、中破したままの「エンタープライズ」ただ一隻だった。

南太平洋海戦（アメリカ側呼称、サンタクルーズ諸島海戦、一九四二年十月二十六日、二十七日）では圧勝した日本も、通算すると、空母「龍驤」が沈み、「瑞鳳」と「翔鶴」が大破していた（「瑞鶴」と「隼鷹」は無傷）。

しかし戦略的にみれば、日本は村田重治少佐ら多くの空母機ベテラン・パイロットをうしない、その後の空母飛行隊の再建をマヒさせて、ジリ貧におちいったのにたいし、アメリカはガダルカナル島の〝不沈空母〟ヘンダーソン飛行場を確保したうえ、一九四二年末から「エセックス」級の新鋭空母を続々と投入、新手《あらて》のパイロットも大量に出動させ、絶対優位に立った。そして一九四三年から、中部太平洋における日本の防衛圏の中枢にせまるという布陣がなったのである。

後退する日本連合艦隊

スプルーアンス中将の指揮する米第5艦隊（第52機動部隊および第53機動部隊）が、その手はじめにギルバート諸島のタラワ、マキン両島に攻撃をかけ（このとき、グラマンF6F－3「ヘルキャット」ならびにTBF「アベンジャー」、ダグラスSBD「ドーントレス」が活躍したことは前にのべたが）、つづく攻撃目標は、マーシャル諸島だった。

一九四四年（昭和十九年）一月二十九日、第5艦隊は大型空母八隻、小型空母六隻によって攻撃を開始し、制空権を完全に確保したうえで二月六日、クェゼリン、マジュロその他の島々を占領した。

その後、第5艦隊の高速空母九隻をあつめて、トラック島攻撃機動部隊を編成し、二月十七日、十八日の両日、トラック島の日本海軍連合艦隊基地を急襲した。これにはF6F－3、TBF－1など、のべ一二五〇機が参加し、爆弾および魚雷を計四〇〇トン投入して、戦艦「武蔵」に命中弾をあたえたほか、艦船三七隻約二〇万トンを撃沈（日本側記録では三二隻沈没）、飛行機二〇〇機（日本側記録では一八〇機）を撃墜破した。いっぽう、アメリカ側の損害は空母「イントレピッド」が中破しただけだった。

さらにこの帰りみち、歴戦の空母「エンタープライズ」が二月二十日、ヤルート島を攻撃、また別動の空母二隻は二月二十三日夜、サイパン、テニアン、グアムなどの島々を攻撃して、計一六八機を撃墜破した。この中には、日本本土から到着したばかりの攻撃機が、多数ふくまれていた。

息もつかせず三月三十日、こんどは空母一一隻がパラオ、ヤップ、ウルシーなど西カロリン群島を襲い、四月一日までの三日間に二八隻（一一万トン）を撃沈破、飛行機一五七機を撃破した。

このような中部太平洋における一連の空母攻撃で、日本軍とその航空兵力は壊滅的打撃をあたえられ、ついに連合艦隊司令部は、パラオをへてフィリピンへ後退したのである。

このころ米機動部隊は、第58機動部隊として再編成されており、指揮をとっていたのはマーク・ミッチャー少将だった。

四月二十一日、第58機動部隊と第78機動部隊は、協同してホーランディア上陸作戦の援護にあたり、飛行機一三三機を撃墜破したが、四月二十九日にはふたたびトラック島を攻撃して、飛行機一四五機を破壊した。

五月にはいって、各三度目のマーカス島、ウェーキ島の攻撃をおこなったのち、六月十一日には、空母一五隻でマリアナ諸島を攻撃し、日本航空兵力に壊滅的な損害をあたえた。そして、六月十五日、いよいよアメリカ軍はサイパン島に上陸し、日本のノドもとにアイクチをつきつけたのである。

第58機動部隊は、もちろんその支援にあたっていたが、六月十八日、フィリピンから南下してきた、日本海軍大機動部隊とのあいだで、敵情偵察戦が開始された。

忘れられた〝ゼロ〟の威力

南雲中将と交代して、第三艦隊司令長官となった小沢治三郎中将の指揮するこの機動部隊は、丙《へい》部隊（大林少将のひきいる空母「千歳」「千代田」「瑞鳳」、戦艦「大和」「武蔵」「榛名」「金剛」など）、甲部隊（小沢中将直轄の空母「大鳳」＝旗艦、「翔鶴」「瑞鶴」）、乙部隊（城島《しろじま》少将のひきいる空母「龍鳳」「隼鷹」「飛鷹」）からなる日本海軍の一線兵力をあつめた大きなものだった。

その全航空兵力も四三〇機となり、あたらしい急降下爆撃機「彗星」、艦上攻撃機「天山」、爆装「零戦」（二五〇キロ爆弾装備）をふくめた強力な布陣だ。

しかし、アメリカのスプルーアンス艦隊は、一五隻（「ホーネットII」「ヨークタウンII」「ベローウッド」「バターン」「バンカーヒル」「ワスプII」「モンテレイ」「キャボット」「エンタープライズ」「レキシントンII」「サンジャシント」「プリンストン」「エセックス」「ラングレイ」「カウペンズ」）の空母と七隻の戦艦、四隻の巡洋艦、多数の護衛駆逐艦、および九五六機の飛行機からなっていて、小沢艦隊よりかなり優勢だった。

にもかかわらず、スプルーアンス提督は、上陸部隊を援護することを第一任務として、ムリに戦いをいどもうとせず、いきおいこんだ日本機動部隊をむかえうつ態勢をとった。

ついに十九日の朝、小沢艦隊の丙部隊から中本大尉指揮の攻撃隊六九機（爆装「零戦」四五、「天山」八、護衛「零戦」一六）が発進、ついで甲部隊から垂井《たるい》少佐指揮の第一次攻撃隊

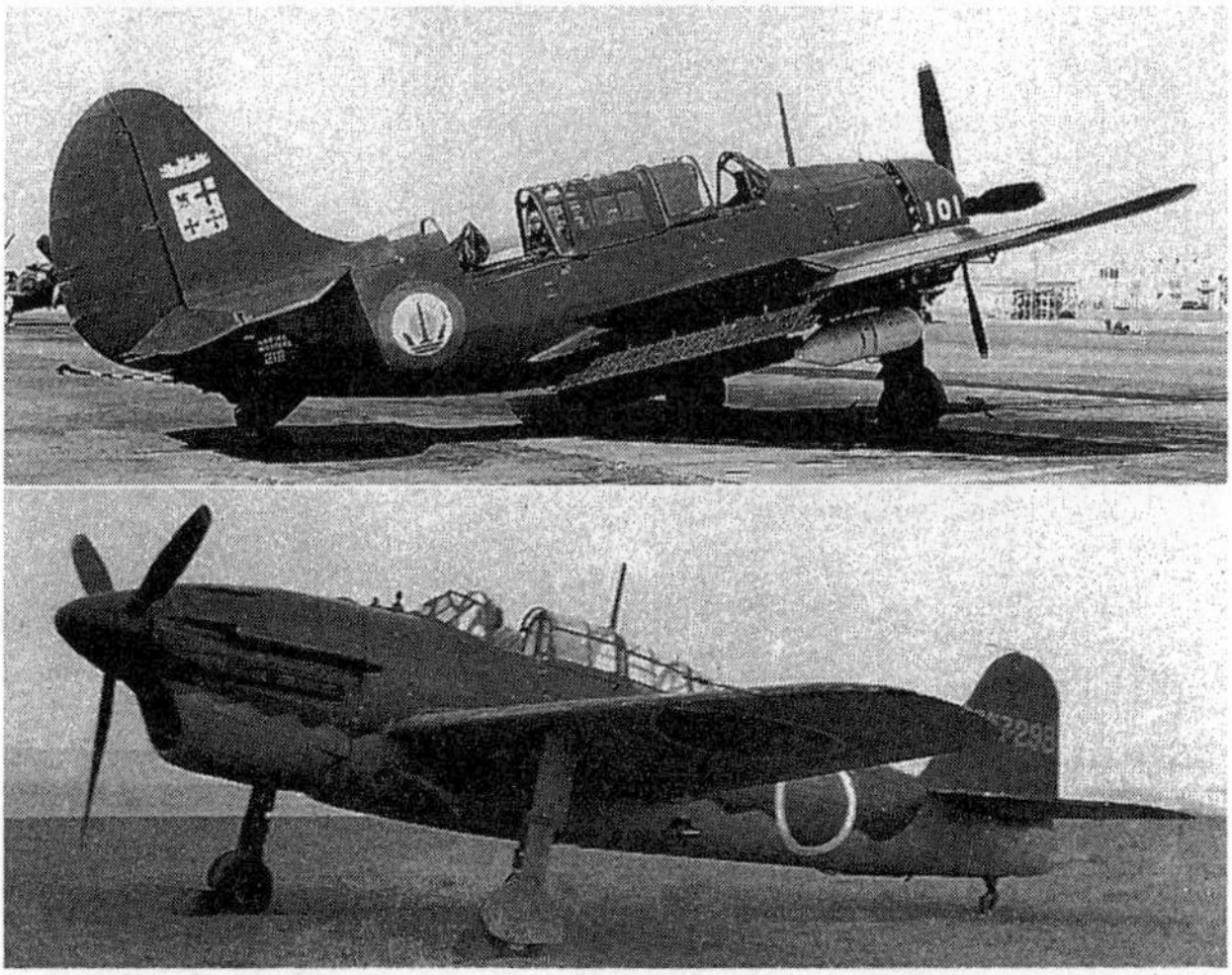

カーチスSB2Cヘルダイバー艦上爆撃機（上）、空技廠彗星12型艦爆。

一二八機（「天山」二七、「彗星」五三、「零戦」四八）、さらに乙部隊からは岩見《いわみ》少佐が指揮をとる第一次攻撃隊四七機（爆装「零戦」二五、「天山」七、「零戦」一五）が発進した。そのあと、第二次攻撃隊として、甲部隊から千馬《ちば》大尉のひきいる一八機（爆装「零戦」一〇、「天山」四、「零戦」四）と、乙部隊からは阿部大尉の六四機（「彗星」九、九九艦爆二七、「天山」二、「零戦」二六）も出発していった。

これにたいして、スプルーアンス提督の第58機動部隊は、グアム島に攻撃隊をおくるとともに、戦艦七隻を外方に配置して待機した。

まもなくレーダーに、日本攻撃機の大部隊がうつり、ミッチャー中将の「戦闘機隊発進、迎撃せよ！」の号令一下、一五隻の空母甲板から糸をひくように、F6F-3

マリアナ沖海戦における空母「千代田」艦上の零戦21型。同機は250キロ爆弾を搭載して、戦闘爆撃機として参加した。

「ヘルキャット」が、つぎからつぎへと飛びたった。

その数約三〇〇機、米艦隊攻撃にむかう大編隊と、グアムへむかう編隊の双方へなだれこんだ。いまや〝恐るべき零戦《ゼロ》〟の神話は完全に崩れさり、「ヘルキャット」はまず、護衛の「零戦」をはらいのけ、甲部隊の第一次攻撃隊の「零戦」四八機などは、じつに三二機を撃墜されている。そのあと「彗星」と「天山」に襲いかかり、つぎつぎと炎上させた。まっ青な南洋の海上には、黒煙がいく条も立ちのぼり戦闘のはげしさをみせつけた。

この「ヘルキャット」群をくぐりぬけた何機かの「彗星」「天山」も、アメリカ艦隊からの集中砲火に阻止され、わずかに空母「ワスプII」（二代目ワスプ）と「バンカーヒル」を小破したにとどまった。

けっきょく、日本攻撃隊が空母あるいはグアム、ロタ両島へ帰着できたのは一二七機だけで、約三五〇機が撃墜され、グアム基地の五〇機も破壊されてしまったのである。さらに十九日の夜までには、薄暮攻撃の失敗と飛行作業上の損失もくわえて、使用可能機がわずか一〇二機になってしまった。

　また空母のほうも、この戦闘開始直後に旗艦「大鳳」（二万九三〇〇トン）と「翔鶴」が米潜水艦によって撃沈され、「瑞鶴」「隼鷹」「龍鳳」「千代田」もまた傷ついていた。
　このような日本側の打撃にもかかわらず、アメリカ側は二空母の損傷と二九機の損失だけだったので、翌二十日の夕刻、スプルーアンス提督は追いうちをかけることを決意した。

1944年6月19日、牽引車により発艦位置につくヨークタウンのF6F艦戦。艦橋に各種レーダーが装備されている。

　この攻撃隊には、一九四三年十一月十一日のラバウル空襲ではなばなしい初陣をかざったカーチスSB2C－1改良のSB2C－3「ヘルダイバー」急降下爆撃機が七七機と、TBM「アベンジャー」雷撃機五四機、それに護衛のF6F－5「ヘルキャット」戦闘機八五機が参加し、日本残存艦隊の薄暮攻撃にむかった。

〝マリアナの七面鳥狩り〟

　すでに薄暗くなったマリアナ沖に日

本艦隊を発見したとき、上空直衛の「零戦」が攻撃をかけてきた。しかしその数は少なく、「ヘルキャット」の豪快なズームとダイブがその阻止網を突破していった。

空母「飛鷹」は「アベンジャー」の雷撃をうけて沈没、「瑞鶴」「千代田」は「ヘルダイバー」の急降下爆撃により戦闘不能となり、戦艦および巡洋艦各一隻も大きな損傷をうけた。ことに飛行機はほとんど撃墜され、戦闘後、わずかに空母の三五機、水上機一二機をのこすのみとなったのである。

しかし、米軍機がひきあげるころには、日はとっぷりと暮れ、彼らは、なれない夜間飛行と夜間着艦をおこなわなければならなかった。

「照明弾をうちあげろ。それから照空灯、航海灯、飛行甲板の照明灯など、すべての照明を点灯せよ」

スプルーアンス司令長官がこう命令すると、幕僚や参謀たちは、

「長官、やめてください。日本の潜水艦の前に身をさらけだすようなものです」

「それに日本機だって、ちかくにきているかもしれません」

と、襲撃されることを恐れて味方機への視覚による誘導をためらった。しかし長官は、厳としていいはなった。

「夜間着艦になれていないものばかりだ。これでは全滅してしまうぞ。警戒を厳重にして早く収容せよ」

こうしていっせいに、あかあかと点灯された空母へ攻撃隊の帰投がはじまったが、やはり

マリアナ沖海戦で米機動部隊上空に描かれた飛行機雲。軽巡バーミンガム艦上から眺めた激しい空中戦の跡である。

夜間訓練不足（大量補充の新手パイロット）のため、着艦のときこわしたり、それを整理する間の待機で時間（燃料）切れとなって海上に不時着するなど、約八〇機がうしなわれた。攻撃のとき撃墜された一四機をくわえると、九四機の損害である。しかし、人員は救助されたものが多く、帰投時の損失は合計五二人（飛行要員をふくむ）であった。

このフィリピン海海戦（日本名〝あ号〟作戦）におけるマリアナ航空戦は、まさにアメリカの一方的な勝利におわった。空母はべつとして、飛行機だけでも日本は約四〇〇機を撃墜され、約七〇〇人のパイロットをうしなったのにたいして、アメリカは一二三機（撃墜されたのは四〇機）の損害とわずか四〇人弱のパイロットをうしなっただけだった。

そこで、この一連の航空戦闘に〝マリアナの七面鳥狩り（グレート・マリアナス・ターキー・シュート）〟という、日本にとってはありがたくないニックネームがつけられた。

いかに敗色が濃くなっていたとはいえ、搭乗員の技量が低く、数も性能も不足気味の航空兵力と、お粗末なレーダーしかもっていない艦隊で決戦をいどんだのは、悲壮というより悲哀である。米海軍の主力機グラマンF6F「ヘルキャット」は「零戦」「天山」「彗星」、九九艦爆を、まるで七面鳥のように追いまわし、やすやすと撃ちとったのだった。

この航空戦で、米海軍のエースが何人か生まれたのもムリはないが、つぎにグラマンF6Fをかって日本機の撃墜に功をあげた、「ヘルキャット」野郎について紹介しておこう。

米海軍の撃墜王マッキャンベル

太平洋戦争全体をつうじて、米海軍からエースが三三二人生まれた。海兵隊からの一二二人をくわえると計四五四人となり、その約六〇パーセントがF6F「ヘルキャット」によるスコアとなっている。

日本では戦闘が激化するにつれ、個人のスコアを認めなくなって、すべて戦隊、部隊の総合戦果とされてしまったが、アメリカでは最後まで個人記録を重んじて、それが栄進への大きな足がかりとなっていた。他の国では、イギリスが日本と同じ方式で、ドイツ、フランスはアメリカ式である。

さて、米海軍および海兵隊をつうじてのトップ・エースは、デビッド・マッキャンベル海軍大佐(当時中佐)だ。

彼は空母「エセックス」の第15戦闘飛行隊を指揮し、一九四四年五月のマーカス島攻撃からサイパン攻撃（マリアナの七面鳥狩り）、フィリピン海海戦など七ヵ月にわたり、中部、西部、太平洋をかけずりまわって、部隊総合撃墜三一三機、地上撃破三一三機、大破三八八機、計一〇一四機、および空母一隻、駆逐艦二隻を撃沈し、他の航空隊との共同戦果として、空母一、重巡一各撃沈、戦艦一、軽巡一各不確実撃沈、戦艦三、空母一、重巡五、軽巡三、駆逐艦一九各大破という、空母戦闘飛行隊の記録をつくっている。

彼自身、一九四四年六月十一日のマリアナにおけるバガン上空で初撃墜を記録してから、スコアを三四機（地上撃破二一機）として最高記録保持者となった（アメリカ全軍の最高記録は、R・J・ボング陸軍少佐の四〇機で、つぎがT・B・マクガイヤー陸軍少佐と、F・S・ガブレスキー陸軍大佐の各三八機だから、マッキャンベル海軍大佐は四位となる）。

米海軍、海兵隊をつうじての撃墜王デビッド・マッキャンベル海軍大佐（34機撃墜）。

戦闘飛行隊長という肩書に似ず、おどけた性格の持ち主で、航空戦で部下を発艦させたあと、かならず「待ってくれ！」《ウェイト・フォア・ミー》といいながら、みずからも出ていくのがクセだった。それでそのまま〝ウェイト・

フォア・ミー〟が、ニックネームになってしまったという逸話がある。

レイテ湾海戦(日本名・比島沖海戦)さいちゅうの一九四四年十月二十四日、彼は六機の「ヘルキャット」をひきいて飛んでいると、下方に約二〇機の日本爆撃機隊を発見した。

「あれに五機でかかれ、ロイは私と上空警戒だ」

「了解しました、飛行隊長」

のこされたロイ・ラッシング中尉が、マッキャンベル中佐とペアを組んだとき、彼はやや前方に「零戦」の大編隊が横ぎるのを見た。

「あっ、ゼロが約四〇機います」

「よし、五機とも攻撃中止して上へあつまれ、こちらのゼロをやるんだ」

しかしおかしなことに、「零戦」の編隊は彼らに気づいているにもかかわらず、おかまいなく、マニラ方向へすすんでいく。おそらくマニラに急行しなければならない理由があったのだろう。マッキャンベルらはまず高度をうんととって、「零戦」の群れにつっこんだ。

もちろん「零戦」もこれに応戦したが、守勢は争えず、つぎつぎと火をふく始末。マッキャンベル機は確実に「零戦」九機を撃墜したのだった。これは一回の出撃における撃墜数としては最高記録である(ラッシング中尉もまた、六機を撃墜している)。

「私のレコードは、ペアであるラッシング中尉のたまものだ。彼の目はすばらしく、敵より先に発見して攻撃態勢をととのえるからである」

と謙虚に語っているが、もし彼がミッドウェー以前に出撃し、日本海軍のベテラン・パイロットと手あわせをしていたら、このようにはいかなかったであろう。

ハリス、一日四機撃墜を三回

マッキャンベルにつぐのは、第214海兵隊戦闘飛行隊長のG・ボイントン海兵中佐（当時大尉）で、二八機の撃墜だが、ソロモン戦線後半の彼の搭乗機は、陸上用のヴォートF4U－1「コルセア」戦闘機だった。一九四四年一月三日に、四機おとしたのち撃墜されたが、パラシュート脱出してセント・ジョージ海峡（ニューブリテン、ニューアイルランド両島の間）に浮いているところを、日本潜水艦がとらえた。戦後釈放されてから、自分が最高武勲章とネーヴィー・クロスをうけていたことを知ったという。

セシル・E・ハリス海軍大尉。

スコア数からいくと、やはり海兵隊のJ・フォス海兵少佐の二六機、R・M・ハンソン海兵中尉の二五機とつづくが、フォスの乗機はF4F「ワイルドキャット」であり、ハンソン（戦死）の乗機はF4U「コルセア」だった。

さて、このあとに、セシル・E・ハリス海軍少佐（当時中尉）のF6F「ヘルキャット」による二四機があって、米海軍第二位のエースを誇る。

彼は第18戦闘飛行隊（空母「イントレピッド」）に属して、一日二機の割合で撃墜し、しかも敵弾をうけなかったので有名になった。しかし、戦闘期間が一九四四年九月から十一月にかけての八一日間だったので、撃墜機数は二四にとどまった。もしあと半年ものびていたら、きっと二倍ちかくのスコアになったことは確実だ。

一日に四機おとしたことも三度あり、一回は九月十二日にフィリピン上空で、二回目は十月十二日に台湾上空で、三回目は十一月二十七日マニラ上空だった。

なお、撃墜ペースでは、日本の荻谷《おぎや》信男海軍少尉（戦死）の、ラバウル上空でたてた一三日間一八機のほうが上で、通算すれば一九四四年一月二十日の迎撃戦での一日五機（F4U二機、SBD二機、P38一機）をふくめ、三ヵ月間に公認二四機（未公認では三三機）の撃墜記録となる。

〝ダブル・サッチ・ウィーブ〟戦法

つづく二三機撃墜は、ユージン・A・バレンシア海軍少佐で、海軍エース第三位である。ラバウルをはじめとして、マーシャル諸島、トラック、サイパン、マーカスなどの攻撃に、空母「エセックス」の第9戦闘飛行隊員として参加し、計七機を撃墜してエースとなった。一九四四年のはじめ、アメリカ本国へ帰還して小隊長となり、空戦未経験の僚機三人にチームワーク戦法を徹底的にしこんだ。

いわゆる〝ダブル・サッチ・ウィーブ〟で、一機が攻撃すれば僚機はかならず後上方にいてまもってやり、攻撃がおわればまもっていたのが攻撃にうつると同時に、さきの機がまもりにつくという方法で、二機ずつダブル・ペアの攻撃力は大きなものがある。

これをじゅうぶんに身につけたバレンシア小隊は、一九四五年二月十六日、F6F「ヘルキャット」により「レキシントンII」から発進し、東京空襲にむかった。

当時の本土防空部隊には、生きのこりのベテラン・パイロットを要所要所に配置していたのだが、バレンシア小隊は六機（おそらく四式戦闘機「疾風」をふくむ）を、彼らの戦法で撃墜した。さらに四月十七日の九州進攻では、迎撃してきた日本戦闘機をバレンシアが六機、僚機のフレンチが四機、ミッチェルが三機、スミスが一機と、計一四機をおとしたのである。

このあと沖縄作戦に出撃し、五月四日には一一機、十一日には一〇機の戦果をあげている。終戦時までに彼らの撃墜総計は、じつに四三機にのぼっていた。すなわちバレンシアが一六機、フレンチが一一機、ミッチェルが一〇機、スミスが六機である。

ブラシウは八分間に六機を撃墜

F6Fによる海軍第四位のエースは、空母「レキシントン」の第16戦闘飛行隊のアレクサンダー・ブラシウ少佐で、一九機撃墜、二一機地上撃破だが、この中には一九四四年六月十九日の〝マリアナの七面鳥狩り〟における、八分間に六機撃墜という記録がはいっている。これは条件が少しちがうが、オヘア大尉の六分間五機を上まわる大記録だ。

「はるかかなたから、二〇機から五〇機ずつの編隊を組んだ日本機の群れが、こちらにむかってくるのが見えた。もっとも大きな編隊は〝ジュディ(『彗星』のこと)〟だった。わたしは、ただちに攻撃命令を発し、八三〇〇メートルまで上昇した。

敵編隊は、約七〇〇メートル下方を、まちまちの高度で飛行している。午前十時三十分、落下タンクをすてたわれわれは晴れわたった空をきって、距離五〇キロほどのところから〝ジュディ〟の群れの後方につっこんだ。

照準器に大きくクローズアップされた一機をたちまち撃墜したが、油が前面風防ガラスに付着して視界がわるくなり、二機目は一五〇メートルまでちかづいて一連射でおとした。

これに力をえて、つぎの一五秒間に二機をまとめて撃墜した。そのとき味方の駆逐艦を雷撃しようとする〝ジュディ〟三機をみつけ、腰だめ射撃をしたところ、うまく二機に火をふかせることができた。これで、わたしのスコアは一八となった」

と、その戦闘の模様を語っている。

ブラシウ中隊はこの日、一機もうしなわずに四一機撃墜の戦果をあげたが、彼らが最初に攻撃したのは甲部隊「大鳳」「翔鶴」「瑞鶴」の第一次攻撃隊とおもわれる。

なお彼は、十二月のルソン島における空戦で撃墜されたが、パラシュート脱出してフィリピン・ゲリラ隊に救出され、生還した。

次ページに〝マリアナの七面鳥狩り〟(一九四四年六月十九日にかぎる)で各戦闘飛行隊のあげた日本機撃墜の戦果を表示してある。

この戦果については、混戦による撃墜のダブリがあったり、不確実なものが確実に、あるいはその逆になっていたりして、完全な数値とはいいがたく、また資料によって多少異なるが、日本側が戦後あきらかにした数と大きな差はない。

いずれにしてもアメリカは、多くの空母から多数のF6F「ヘルキャット」をくりだして大戦果をあげ、勝利を不動なものにしたが、日本は貴重な人命を、まずい用兵と遅れた機材のためにみすみすムダにしてしまった。

戦闘飛行隊	空　母　名	撃墜数
VF-1	ヨークタウン	37
VF-2	ホーネット	45*
VF-8	バンカーヒル	21
VF-10	エンタープライズ	29
VF-14	ワスプ	12½
VF-15	エセックス	68½
VF-16	レキシントン	45
VF-24	ベローウッド	10
VF-25	カウペンズ	不　詳
VF-27	プリンストン	30
VF-28	モンテレイ	18
VF-31	キャボット	28
VF-32	ラングレー	2
VF-50	バターン	不　詳
VF-51	サンジャシント	8
合　計		354

*VFN-76（夜間戦闘飛行隊）の8を含む

パールハーバーの返礼は、ミッドウェーとマリアナで何倍にもしてかえされたのである。

神風特攻隊の出撃

ここにおいてアメリカ統合参謀本部は、島づたい作戦を中止して一気に台湾を攻略することを考えたが、マッカーサー将軍はフィリピン再占領を熱望したため、まずフィリピンのレイテ湾に上陸することになった。

フィリピン海海戦で大勝利を勝ちと

った米艦隊は、以前の第3艦隊の名でよばれることになり、指揮官交代制によって、スプルーアンス長官はハルゼー提督と交代した。

さらに第58機動部隊は、第38機動部隊と名をかえて（指揮官ミッチャー中将はそのまま）、十月十日から沖縄、ルソン島、台湾、マリアナ海域の日本軍航空基地の攻撃を開始した。

もちろん歴戦の各戦闘飛行隊の隊員は、あたらしい隊員と交代し、F6F-3「ヘルキャット」も新しくF6F-5を補充されて、戦力が増強された。

十月十二日から十四日にかけての台湾沖航空戦では、「ヘルキャット」を二七機うしなったのにたいして、三〇〇機以上の戦果をあげ、第二の〝マリアナの七面鳥狩り〟といわれている。さきにあげた海軍エース第二位のセシル・E・ハリス少佐が、第二回目の一日四機撃墜をしたのもこのとき（十二日）だった。

とにかくこの日、日本機は一八八機が撃墜されるという最悪の日で、とっておきの「零戦」「隼」「鍾馗」、そして一式陸攻などがバタバタおとされた。

十月十五日から十九日にかけては、ルソン島で八〇機以上、十月二十三日から二十六日にかけてのレイテ湾海戦（日本名・比島沖海戦）では一五〇機、それぞれ撃墜した「ヘルキャット」戦闘飛行隊だが、その中には海軍第一位のエース、マッキャンベル大佐の二十四日における九機撃墜をふくめた、第15戦闘飛行隊の活躍（四三機撃墜）が特筆される。アメリカ側の損害は九〇機、パイロットの戦死六四人という。

レイテ湾に到着したマッカーサー将軍のひきいる進攻軍にたいし、日本も〝捷《しょう》一号〟作戦

炎上する空母プリンストンをはるかに、発艦中のF6Fヘルキャット。

を十月十八日に発動して、栗田健男中将のひきいる第一、第二部隊と、西村祥治中将の第三部隊をもって対抗した。

二十五日にはスリガオ海峡、サマール沖、エンガノ岬沖などで海空戦がおこなわれ、日本はトラの子の戦艦「武蔵」をTBF「アベンジャー」、SB2C「ヘルダイバー」などの集中雷爆撃によってうしない。そのほか戦艦二隻、巡洋艦三隻、空母「瑞鶴」「千代田」「瑞鳳」「千歳」も撃沈された。

アメリカの損害は空母「プリンストン」「ガンビアベイ」、巡洋艦、駆逐艦各三隻が沈められ、空母五隻が火災をおこしたが、同日、スプレイグ少将のひきいる第7艦隊所属の護衛空母群にはじめて神風特別攻撃隊が体あたり突入し、空母「サンロー」は沈没、「サンガモン」「スワニー」「サンティ」「ホワイトプレーンズ」「カリニンベイ」「キッカンベイ」などが大きな損傷をうけた。

なおこの日、栗田艦隊が風前のともしびまで第7

艦隊（キンケード）を追いつめたが、これは、当時、米海軍作戦部長キング提督によれば、第3艦隊のハルゼーが第7艦隊の索敵不備をついて栗田艦隊のとったレイテ進撃を、反転したものと思いこんだ誤判断がもたらしたものだ。

最新レーダー対八つ目ウナギ

日本の機動部隊と航空兵力は、レイテ湾海戦（比島沖海戦、〝捷一号〟作戦）でほとんど壊滅してしまった。

太平洋の制空権を完全に手中にした米軍は、このあと、十一月二十四日からのB29超重爆による東京空襲、一九四五年二月十六日の硫黄島上陸作戦、四月一日の沖縄上陸作戦、七月十日からの日本本土攻撃とたたみかけて、ついに日本を無条件降伏においこむのだが、ここではグラマンF6F「ヘルキャット」に関するエピソードだけをかかげておく。

沖縄への上陸作戦にあたって、膨大な量の艦砲射撃と空母機による地上攻撃がおこなわれたことは、よく知られている。この空母機の中には、多くのF6F-5「ヘルキャット」がふくまれており、外翼下面のランチャーにつるした一二・七センチ・ロケット弾各三発、計六発を有効に駆使した。

水際《みぎわ》の陣地ばかりでなく、その大きな貫徹力を利用して駆逐艦、輸送船もロケット攻撃し、沈没させたこともしばしばある。その空対地の威力に、日本軍は最後まで悩まされつづけた。

また沖縄戦線では、ロバート・ベヤード少佐のひきいる海兵隊夜間戦闘飛行隊は、F6F

－5N「ヘルキャット」で計三五機を撃墜し、太平洋戦争における夜間戦闘飛行隊としての最高記録をつくった。前にもちょっとふれたように、5N型は夜戦としてはもっともすぐれており、当時の日本などではとうていおよびもつかない精巧なレーダー装置をそなえており、日本機を暗やみの中からねらい撃ちした。

その装置というのは、レーダー・スコープに目標が明るい点として映ると、パイロットはそれをスコープの中心にもってくるように操縦していく。いよいよ目標にちかづけば、点も大きくなり、その直径が一定の大きさ以上になると、射程にはいったことがわかるようになっていた。

戦闘機であるか爆撃機であるかは、点の大きさによって決められる。最後の照準は、敵の排気の炎を見ながらするといっそう正確になったが、日本軍機の搭乗員にとって見えない敵機から射撃されることは、まことにたまらない思いだったことだろう。

このほかアメリカの大型機や中・小型機の一部には、後方から攻撃してくる敵機を知るための警報レーダーがそなえてあり、IFF（敵味方識別装置）などはほとんど全機に装備されていたので、日本機に奇襲される危険は少なかった。

これにたいして日本機が装備していたのは、戦争末期になって長波を利用した八木《やぎ》アンテナのレーダーだけで、アメリカの超短波によるレーダーとは月とスッポンの違いがあった。

レーダーがだめだから、日本の夜間戦闘機パイロットは、夜目に効くという八つ目ウナギをもりもり食べ、昼は黒めがねをかけて、夜の視力アップに力を注いでいたが、それでいっ

「ヘルキャット」が日本本土で攻撃した地区

月　日	攻撃地区
7月10日	東京
7月14、15日	東北、北海道
7月17日	東京
7月18日	横須賀
7月24日	呉、北九州
7月25日	大阪、名古屋
8月初旬	台風のため中止
8月9、10日	北海道、東北
8月13、14、15日	東京

たい戦争になるものかどうか、いまさらくどくいう必要もないだろう。

攻撃目標は厚木飛行場

六月二十一日まで約一二週間にわたった沖縄作戦で、米空母機動部隊および海兵隊機は爆弾一万三〇〇〇トン、ロケット弾六万六〇〇〇発を投下、日本機を三〇二二機撃墜破した。特攻出撃していった戦艦「大和」も四月七日、南九州沖で空母機の集中攻撃をあび、撃沈されてしまった。太平洋の制海空権はアメリカの手に帰したのである。

これより先、ボーイングB29による東京、名古屋、大阪、博多などの都市無差別爆撃がおこなわれており、さらに硫黄島上陸作戦に呼応して、空母機動部隊のグラマンF6F「ヘルキャット」、ヴォートF4U「コルセア」多数が、関東地区の飛行場や飛行機工場を銃爆撃していた。

とくに厚木飛行場と中島飛行機の武蔵工場はその対象で、二月十六日には第一波から第七波まで、のべ一〇〇〇機、翌十七日および二十五日にものべ六〇〇機が侵入して、厚木空戦闘隊と空戦をまじえながら各地に銃撃を加えた。

厚木の第302航空隊（司令・小園安名大佐）には、「雷電」「零戦」「月光」（複座夜間戦闘

大戦末、精強で知られた343空の紫電改。手前は撃墜王、菅野直大尉機。

機)、「銀河」(陸上爆撃機改造夜戦)、「彗星」(艦爆改造夜戦)など約八〇機が、帝都防空戦闘機隊としてにらみをきかしており、とくに「雷電」によるB29の損害はかなりのものだった。そのため厚木飛行場の戦闘機をたたき、空襲要員の士気をおとさないようにすることが、アメリカの侵攻戦闘機隊の重要な目的だったのである。

空のアダ花「紫電改」

第302航空隊には飛行長・山田九七郎少佐をはじめ、第一飛行隊長・森岡寛大尉(一月二十三日の空戦で左手首をうしない、以後義手で搭乗)、赤松貞明中尉および十三期飛行予備学生らの勇戦が伝えられているが、なかでも武藤金義中尉は二月十六日(あるいは十七日)の迎撃戦で、貴重品のようにおいてあった新戦闘機「紫電改」にとび乗り、単機F6F「ヘルキャット」一二機の編隊中におどりこんで、各一撃で四機を撃墜してしまった。

地上で見ていた森岡寛大尉は「まるで宮本武蔵の一乗寺下《さが》り松の決闘をしのばせるものがあった」といっているが、この「紫電改」こそ、日本が「零戦」の後継機としてもっと早くそなえておくべきものであった。もちろん「紫電改」だけが一年早く多数そろえられていたとしても、大勢をくつがえすにはいたらなかっただろうし、その出現がおそかったといって、「紫電改」の開発チーム（川西航空機）を責めるのもまちがっている。

責められるべきは、日本海軍首脳陣の戦略用兵のまずさと、〝傑作〟「零戦」にいつまでも固執《こしつ》しすぎ、次期戦闘機の開発指導をおくらせた怠慢ぶりだ。

さて、この「紫電改」と、生きのこりベテラン・パイロットをあつめて、源田実大佐（軍令部作戦課航空主任）を司令とする第三四三航空隊が四国の松山基地に編成され、三月十九日の西日本航空攻撃をむかえ撃った。

離陸した五四機の「紫電改」は、アメリカ式無線電話利用のチーム戦法をもってＦ６Ｆ、Ｆ４Ｕ、ＳＢ２Ｃの群れにいどみ、戦闘機四八、艦爆四の計五二機を撃墜した。第三四三航空隊の損害は一六機、地上炎上五機だった。パラシュート脱出して逮捕された一九人の米海軍パイロットは、「『サンダーボルト』（Ｐ47のこと）のような戦闘機（『紫電改』のこと）が、すばらしい運動性をもって迫ってくるばかりでなく、われわれがゼロにたいしておこなった二機から四機チームの空戦をいどんでくるので、面くらってしまった。パイロットの技術はまったくすぐれていた」と、こもごも語っている。

しかし、松山基地だけの日本最強戦闘機隊では、しょせん線香花火のようなもので、一時的に溜飲《りゅういん》をさげたにとどまった。

日本本土で最後の空戦

行く手をさえぎるものがほとんどなくなった第38機動部隊（J・S・マッケイン海軍中将指揮）の空母一四隻は、七月にはいって、日本近海から白昼堂々とF6F、F4Uの大群を放って、日本全土にわたる機銃掃射攻撃を開始した。また硫黄島からも、陸軍戦闘機P51「ムスタング」が、B29を掩護しながら地上攻撃に参加した。

終戦の日、十五日の朝、F6F「ヘルキャット」六機は、迎撃してきた第三〇二航空隊の飛行隊長・森岡大尉のひきいる「雷電」四機、「零戦」八機と交戦、四機を撃墜したが一機をうしなった。これが「ヘルキャット」の最後の日本との空戦であり、太平洋戦における最後の戦闘になったのである。

7　〝零戦神話〟の崩壊

F6Fでは、まだ危ない

国中を焦土と化しても、国民のすべてを犠牲にしても、この戦いをつづけるという強い意志が、日本軍部および一部狂信的国民にあると判断したアメリカは、本土防空用の飛行場と主要飛行機工場を、艦載機によって銃撃するばかりでなく、町や道路、広場、列車、自動車、はては田舎《いなか》道の動く目標――人間を銃撃して、戦力をそぎ、士気をうしなわせようとした。

高齢の人なら、終戦まぎわに、グラマン「ヘルキャット」、ヴォート「コルセア」、ノースアメリカンP51「ムスタング」、リパブリックP47「サンダーボルト」が超低空までおりてきて、機銃掃射をするのに出会った人も多いだろう。

ひどいのは、何もかくれるところのない広場や田舎道で、パイロットの顔の目鼻だちまでわかるくらいの距離から撃たれたり、追いまわされたりした人もあるにちがいない。また、観念して地上にふせたほんの五〇センチほどのところを、機銃弾が砂ぼこりを立ててとおりすぎていったという経験をした人もあるはずである。

「敵小型機約一〇〇機、千葉県方面に侵入、西進中……」というニュースとともに、空襲警報が鳴りわたると、とるものもとりあえず防空壕のちかくに待機しないことには、まにあわない場合がしばしばあった。超低空で侵入してくるため、姿も爆音も突然に出現するからだった。

東海道本線も、この奇襲攻撃をなんべんもくらって、停車するいとまもなく客車に何百発も撃ちこまれ、あえなく死亡した人も少なくない。終戦後しばらくの間、一二・七ミリ機銃の流れだまのあとが、線路わきの民家の軒先や柱、松の幹になまなましくのこっていたものである。

日本人にとっては、まことににくいグラマン機であり、シコルスキー機(当時はヴォート・シコルスキー「コルセア」といっていた)であり、P51であったが、彼らにしてみれば、日本にはまだしぶとい抵抗力があるとみて、その年の十一月に予定された南九州上陸作戦(オリンピック作戦)、翌年三月の関東地方上陸作戦(コロネット作戦)にそなえて、〝おそるべき日本人〟を一人でも多く倒して、温存勢力をつぶしておきたかったのだ。

たしかに、日本軍部の強がり発表とはべつに、迎撃した新戦闘機「紫電改」と四式戦「疾風」の強さは格別だった。それらは「零戦」や「隼」のような軽戦ではなく、重戦にちかいしっかりした足どりをもっていた。

また「ヘルキャット」や「コルセア」、P51なみのダッシュ力があり、編隊空戦性能をもちあわせていた。防弾装置はややおとったが、運動性は「零戦」とアメリカ機との中間ぐらいで、かなりすぐれているといってよい。

とくに、三月十九日の四国上空戦（F6F、F4U、SB2Cなど五二機撃墜）、四月下旬から五月上旬にかけての南九州におけるB29迎撃戦（一二機撃墜）、六月二日の鹿児島湾上空戦（F4U一八機撃墜）、七月二十四日の豊後《ぶんご》水道上空戦（一六機撃墜）などでしめした「紫電改」の威力に、米海軍もいささかびっくりした。

「ジョージ（『紫電改』のこと）はこれまでの日本戦闘機中、もっともてごわい。F6FとF4Uでは、空戦にはいるとはなはだ危険だ。一刻もはやくF8Fの前線機動部隊配備を要請する」

このような報告が、米軍統合幕僚長のもとにとどけられたが、その前線の期待するグラマンF8Fは、五月から空母部隊に配属されており、十一月のオリンピック作戦にまにあわせようと、けんめいに実用訓練をおこなっていた。

「零戦」の秘密をさぐれ

これより一年ほど前、グラマン社ではF6F－5のあとをうけるものとして、新開発のF7F、F8FのほかにF6F－5を二機改造してF6F－6を準備しておいた。双発艦上戦闘機のF7Fはべつとして、F8Fが万一、戦列にくわわるのがおくれた場合を考えて、ピ

F7F タイガーキャット

ンチヒッター用としたのである。

　これは常用高度をあげたエンジン、R－2800－18W（離昇出力二一〇〇馬力、水噴射時二四五〇馬力、高度六七〇〇メートルで一八〇〇馬力）につけかえたので、最高時速六七〇キロ（高度六七〇〇メートル）、実用上昇限度が一万一九〇〇メートルと、5型にくらべて性能はぐっと

よくなった。
しかし、その初飛行（一九四四年七月六日）と相前後して、F8Fも初飛行し、見通しもあかるかったので、F6F－6の量産はとりやめとなった。
なおF6F－5は、改造型をふくめて六四三六機つくられ、このうち九三〇機が「ヘルキャット2」としてイギリスに供与された。また夜戦

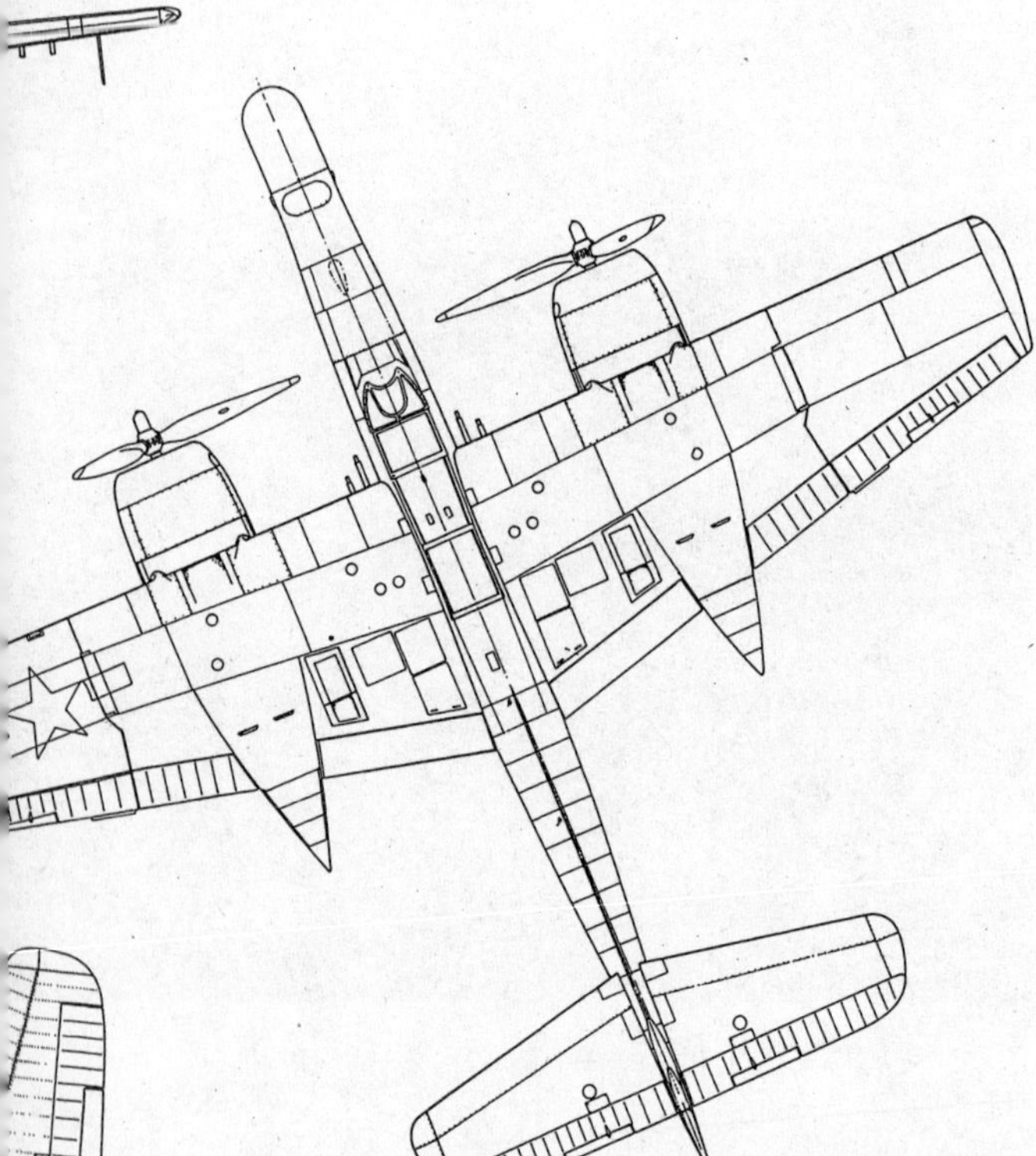

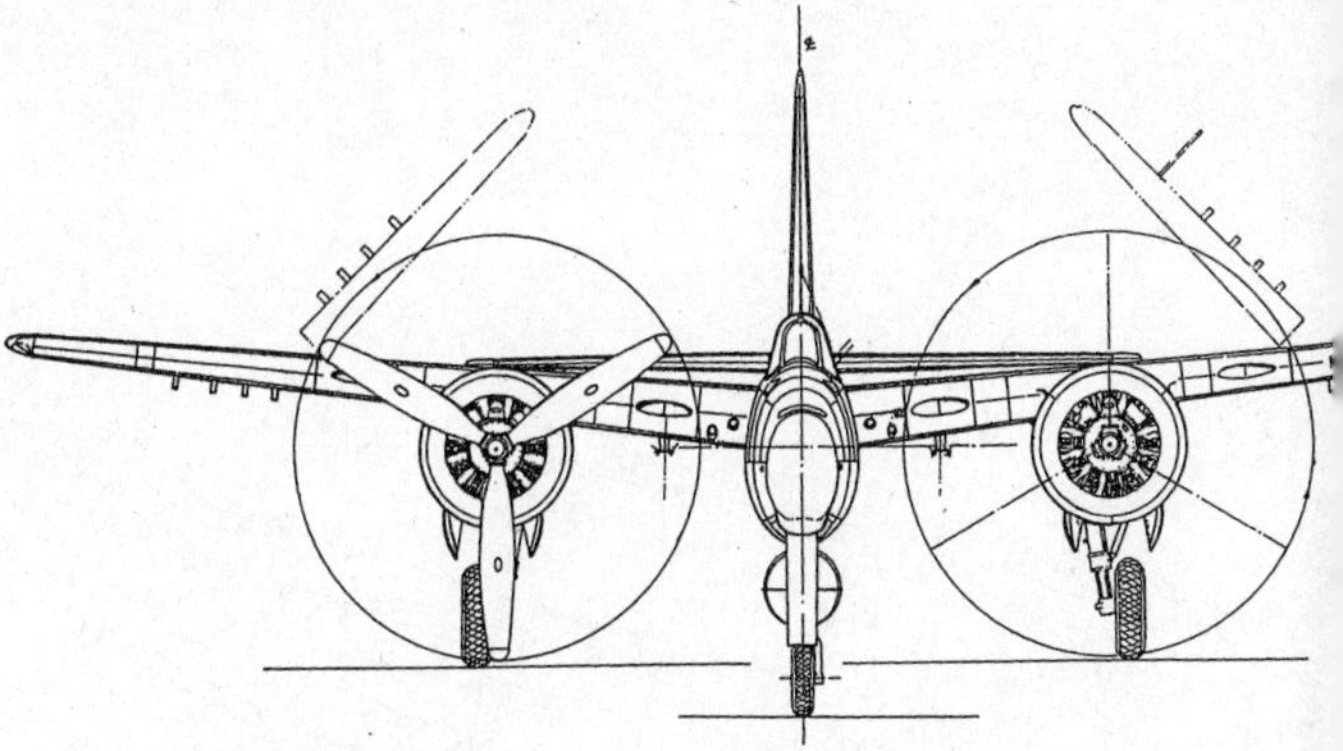

グラマンF7F－3Nタイガーキャット

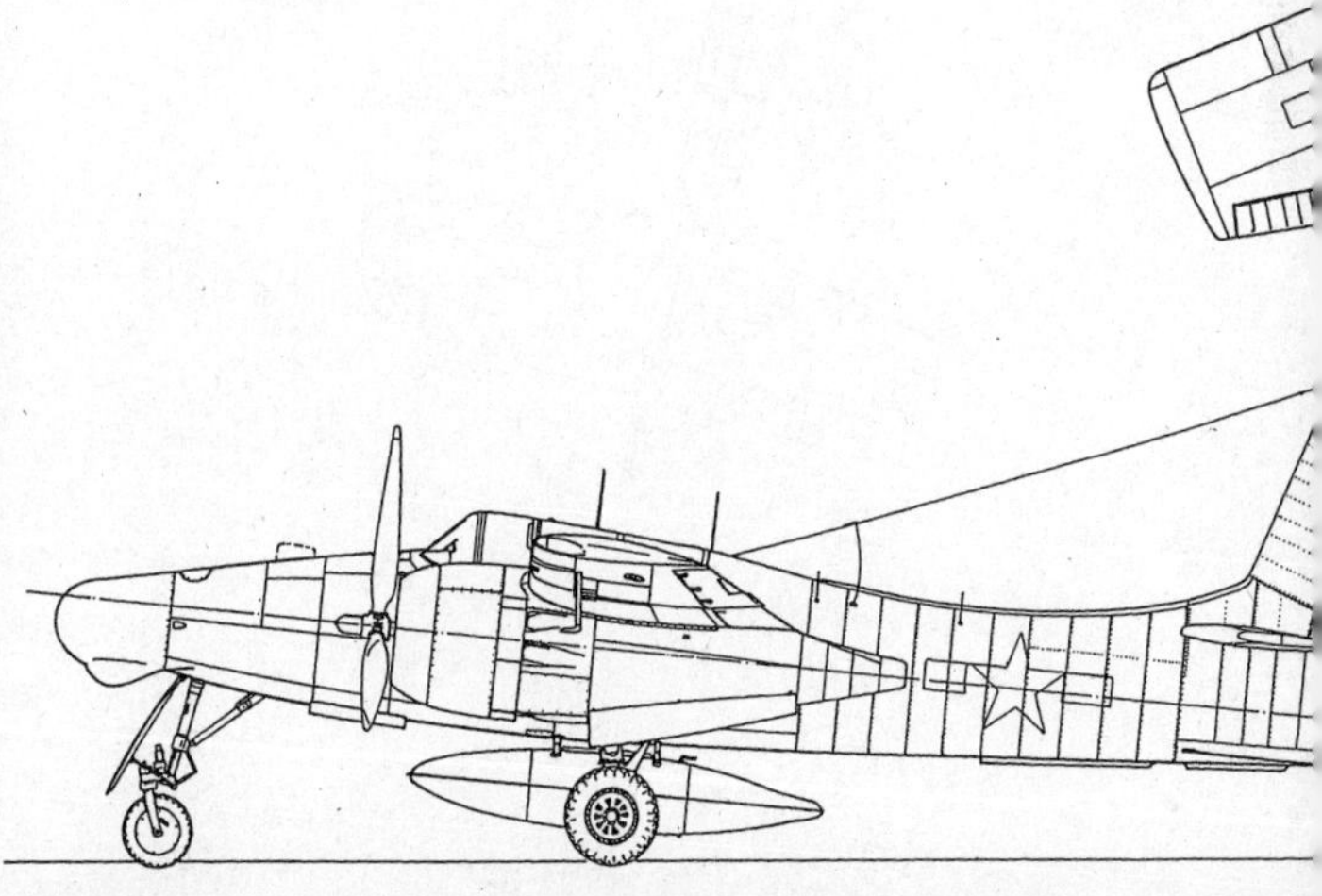

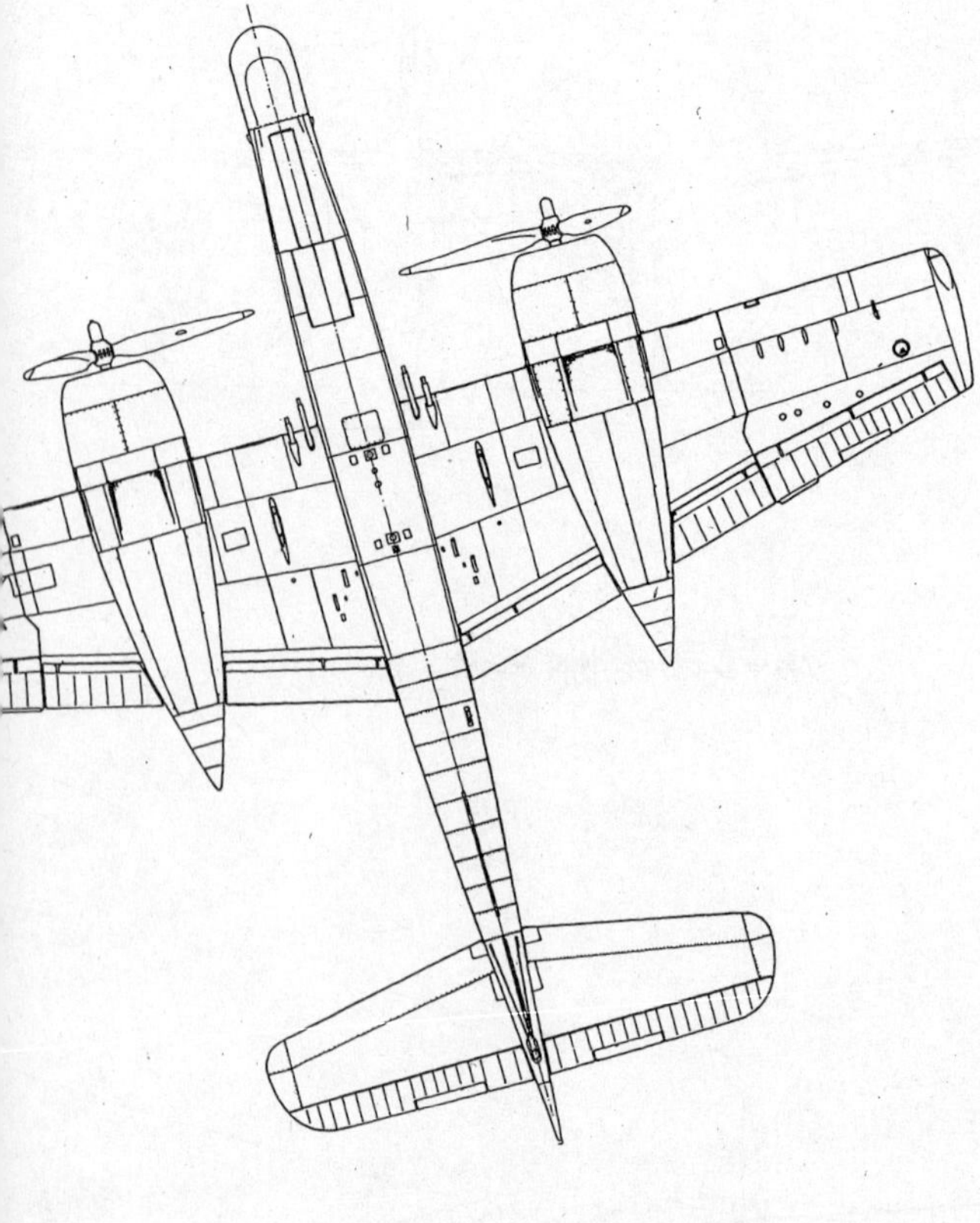

XF7F-1

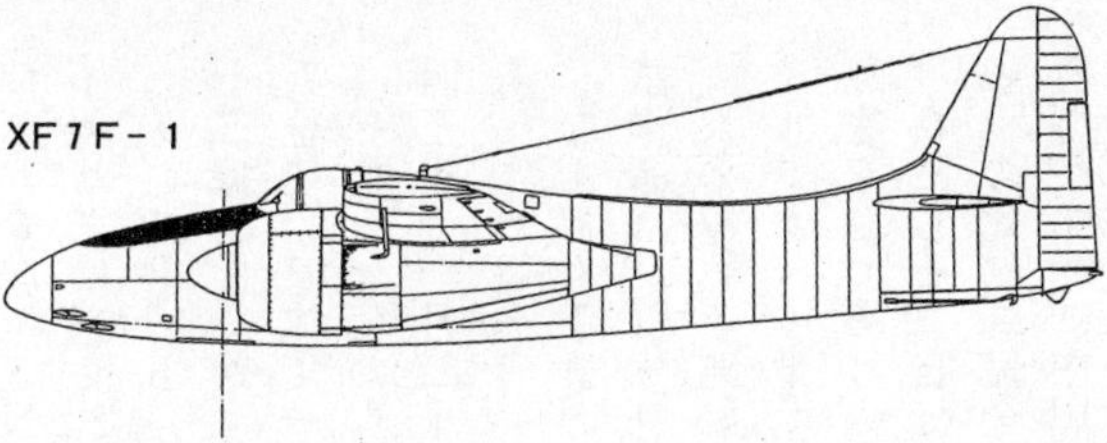

F7F-2N

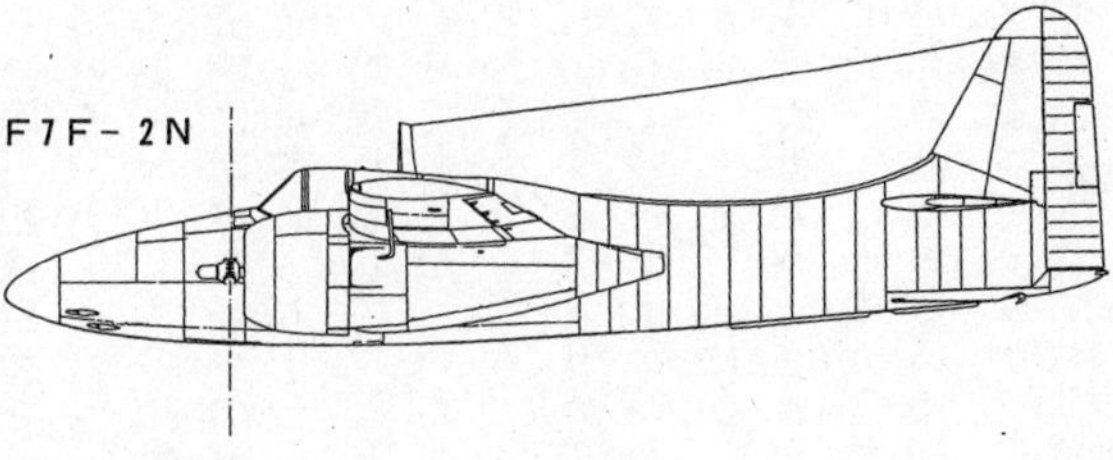

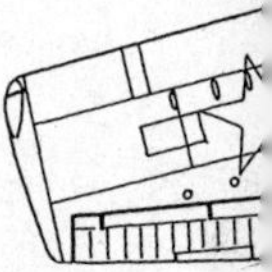

F7F-3

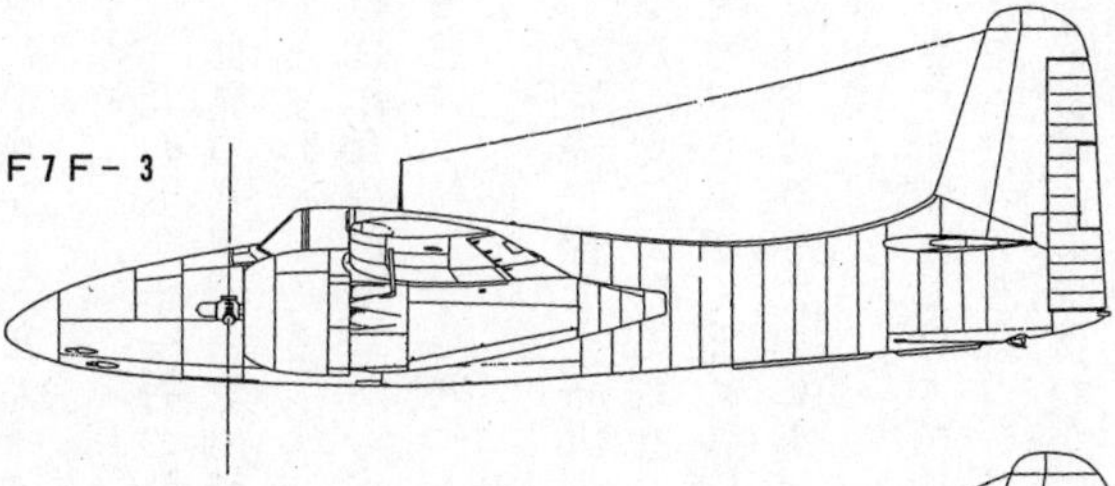

F7F-4N

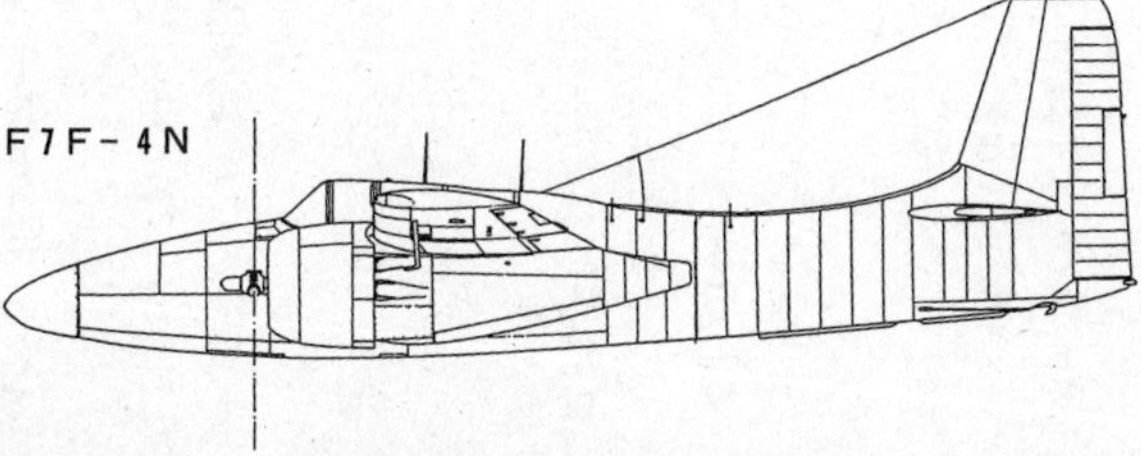

型のF6F-5Nも一四三四機生産され、そのうち八〇機が「ヘルキャットNF2」の名でイギリスに送られている。

そこでF6F「ヘルキャット」の総生産機数は、一九四五年十一月の終了までに一万二二七二機となるが、資料によって多少の違いはある。世界の戦闘機の総生産機数としては史上八位で、日本で一位の「零戦」より一八五〇機ほど上まわっている。

〝ゼロセン〟の真の対抗馬として、XF8F-1の試作命令が海軍から出されたのは、一九四三年十一月二十七日であるが、いちおうF6F-3を〝アンチ・ゼロ〟に仕立てたにしても、これはちょっとおそい気もする。

なんでも手まわしよくやるアメリカのことだから、危急に際した一九四三年のはじめには、試作命令がだされてもよいのではないかと思われるが、そこにはそれなりの理由があった。

太平洋戦争開始から一九四二年にかけて、「零戦」にさんざん痛めつけられ、F4F「ワイルドキャット」をばたばた落とされたアメリカが、ことのしだいにおどろいて「零戦」の秘密をさぐろうとしたが、なかなか正体がつかめなかった。

なにしろ、自分たちの領土あるいは守備範囲をつぎつぎにうしなっていくのだから、「零戦」の比較的完全な機体を手にいれることができなかったのである。もっとも中国戦線では、21型がすでに中国側に捕獲されており、その性能の秘密はある程度わかっていた。それを極秘資料として、開戦直後、アメリカに報告した人もある。

中国のアメリカ義勇航空隊（フライング・タイガーズ）司令官のアーノルド・シェンノート

中将がその人である。

「日本の軍用機は、日中戦争によって格段の進歩をしめした。もはや以前のような輸入機のコピーではなく、独自の飛行機を開発しつつある。とくに戦闘機の運動性がよく、海軍のゼロ・タイプは、ソ連製I《イ》15、I《イ》16を問題にしない。アメリカは日本の軍用機をバカにしないで、よく研究しておくべきだ。ここにゼロの資料を提出し、きたるべき対日戦への参考に供する」

とシェンノートは、このような手紙を書きおくったが、日本機に関心のうすい首脳たちに黙殺されてしまったという。

こんな怠慢というか失敗もあって、悔恨《かいこん》のほぞを噛《か》んだアメリカは、「零戦」さがしをはじめた。もちろんオアフ島やミッドウェー島などで、撃墜あるいは自爆した「零戦」の残骸はいくつかあったが、ほとんどばらばらか焼損していて、研究材料の対象にはならなかった。

捕獲した「零戦」を徹底調査

しかし、ついにそれが発見された。しかもほぼ完全な姿のままにである。

その場所はアリューシャン。

緒戦の勝利に乗じた日本軍が、南方のミッドウェー島と北方のアリューシャン列島の二方面に作戦の足をのばしたのは、一九四二年（昭和十七年）六月はじめだったが、アリューシャンのキスカ島上陸（六月七日）、アッツ島上陸（六月八日）に先だち、この方面の制空権の

真珠湾攻撃で撃墜された零戦の回収された機体の一部。

確保をおこなった。

このとき（六月四日）、ダッチハーバーを攻撃してかえってきた空母「龍驤」の「零戦」隊の一機が、無人のアクタン島ツンドラ地帯に不時着した。ところが脚をとられてもんどりうってひっくりかえり、パイロットは頭を前にうちつけ、座席の中で死亡した。

これを発見したアメリカ軍は、さっそくその「零戦」の特別搬出部隊を編成、アリューシャン特有の濃霧を利用して、日本軍の目をかすめ、危険をおかしながらはこび出すことに成功したのである。

ゼロ・ファイターとして、神秘のベールに閉ざされていたものをひきはがそうとする、アメリカの異常なまでの熱意のあらわれだった。

この「零戦」は21型（三菱製、製造番号四五九三）で、ツンドラの上だったのであまりいたんでおらず、ほぼ完全な状態で、夏にはライト・フィールドのテスト飛行場に運びこまれた。

アメリカの星印マークをつけた「零戦」は、あおむけになったとき無線柱を半分ほど折っていたが、テスト飛行に待ちかまえていた海軍のエース、ジョン・S・サッチ少佐（有名な

1942年6月5日にアクタン島に不時着した零戦21型を調べる米軍調査隊。

〝サッチ・ウィーブ〟戦法の発案者)、テスト・パイロットのサンダース中佐らを乗せると、観念したように、もてる力をフルに披露したのである。

もちろんNACA(国立航空研究所)もこのテストに参加し、種々の測定装置を積んであらゆるデータをとった。こうしてゼロの秘密はあばかれ、長所ばかりでなく短所のすべてをさらけ出したのであった。

すなわち、ゼロはアメリカ現用戦闘機のどれよりも運動性にすぐれ、低速時における補助翼、方向舵《だ》、昇降舵の抜群のききを利用した格闘性は、他に類を見ない。失速からの回復は容易で、またスピン(きりもみ)にはいる傾向はまったくない。

しかし、補助翼がやや大きいため時速四〇〇キロ以上になると、そのききがきわめて悪くなった。また右横転が左より少し弱く、ごくわずか時間がかかった。それに防弾がほとんどないこと、二〇ミリおよび七・七ミリ機銃の初速、発射速度の低いことはアメリカのパイロットにとって許しがたい欠点で、アキレスのかかとより、ずっと大きなウィークポイントだった。

ロッキードP38F、P39D、P51B、グラマンF4F－4などとの模擬空戦もおこなわれ(ちょうどこのころ、日本軍に捕獲されたブリュースター「バッファロー」、カーチスP40、ホーカー「ハリケーン」、ボーイングB17などが日本軍の手でテストされ、「零戦」や「隼」との模擬空戦がおこなわれていた)、徹底的に分析されて、「零戦」対抗策が講じられた。こうして、パリス(アメリカ機のこと)の矢は「零戦」のアキレス腱《けん》をねらって、はなたれることになったのである。

F6F「ヘルキャット」が、「零戦」より運動性がややおとりながら、格闘戦で互角にちかい動きをしめしたのも、このような徹底的研究結果にもとづく戦法をとりいれてからだった。

つまり後上方からダイブして、操縦席《コックピット》めがけて機銃弾の雨をふらせる(防弾のないパイロットか、燃料タンクを撃ちぬく)とか、右への横転にさそいこむようにし、いきなりズームかダイブをもって位置をかえて追従させない、あるいは時速四八〇キロ以上の高速旋回操作にもちこむといった「零戦」の弱点を衝《つ》いた空戦で、量とともにおしまくったのだ。

強出力で軽量小型のF8F

グラマン社ではF6Fの初飛行(一九四二年六月)をおえたあと、それまでのF4Fによる戦訓と、捕獲した「零戦」の研究資料を得て、本当の意味の〝アンチ・ゼロ〟戦闘機をつくろうという意欲に燃えたのは、当然といえる。なにしろ性能的には「零戦」と差のないF4F「ワイルドキャット」なのに、格闘性でおとったため、苦い水を飲まされてくやしい思いをしていたのだから……。

エンジンの力が「零戦」の二倍、防弾完備、火力も大きいF6F「ヘルキャット」ということで自信はあったが、機体そのものはF4Fの改良発展大型化なので、格闘性ではどうしても弱味が残っていた。これに「零戦」の資料をもとにして対策を加味すれば、かならずそれにまさる高性能艦戦を生みだせるにちがいないと、一九四二年の暮れから、グラマン社ではりきって設計にのりだした。

「基本的な方針をどこにおいたらいいと思う?」

とグラマンが設計陣に問いかけると、主務のシュウェンドラーはすぐに、

「ゼロをテストしたサッチ少佐がいってたんですが、低空における運動性もさることながら、その上昇力はまったくすばらしいの一語で、これに勝つためには、強力なエンジンと軽量小型化する以外、手はないそうです」

とこたえた。するとスワーブル社長も、

「そういえば、オヘア大尉もおなじようなことをいってました。やはりゼロに対抗するのに大きな機体では小まわりはきかないし、上昇力も同等までだと……。

幸い、二〇〇〇馬力クラスのエンジンは、問題にならないほどこちらのほうがいいし、そ

F6Fヘルキャットを偉大な軍用機に育て上げた主務設計技師ウィリアム・シュウェンドラー(左)とハットン技師。

れでF6Fより小さな機体をひっぱれば、断然有利です」と発言、強出力の軽量小型機という基本設計方針がきまった。

さっそく、それにしたがってモックアップ（実物大あるいは縮尺の木製模型）が製作され、風洞《ふうどう》テストもおこなわれた。

こうした一連の入念な〝アンチ・ゼロ〟社内設計のため、緊急を要する戦時下ながら割合に時間をとったのと、F6F、F4Uの量産と部隊配備がすでにおこなわれていたので、XF8F－1として原型二機の試作命令が海軍から出されたのは、一九四三年十一月になったというわけである。

そのスタイルは、一見してわかるように、F6Fにくらべてぐっと小さくなった。寸法からは、高さをのぞいて翼幅、全長、翼面積ともF4F「ワイルドキャット」よりも小さい。そして重量がF6FとF4Fの中間である。

総体的に大きな形の戦闘機をつくるアメリカ人が、日本人的感覚によって機体の贅肉をけ

戦訓をとり入れるため、帰国した士官から要望を聞くグラマン社のレオン・J・スワーブル社長（右）とグラマン会長。

ずりとり、胴体をしぼってコンパクトにまとめるのは、かなり苦労したと想像される。パイロットとしても、翼の小さいのは大歓迎だが、せまい胴体におしこめられるのを、とてもきらう。そのむずかしいかねあいが成功したのは、〃アンチ・ゼロ〃にかたまった航空人としての意気であった。

しかしF4Fやゼロより寸法では小型の機体に、F6Fとおなじプラット・アンド・ホイットニーR-2800シリーズの二〇〇〇馬力級エンジンを装着するのだから、性能は大幅によくなるが、設計上の苦心をまぬかれることはできなかった。このエンジンは、直径が日本の同クラスのエンジン「誉《ほまれ》」「ハ-43」（各一三〇〇、一四〇〇ミリ）より大きい（一四六〇ミリ）のに、よくもぎりぎりいっぱいのカウリングで整形したものである。

イギリスの航空関係者は、やっかみ半分のクレームをつけた。

「外観はすばらしいが、エンジンの冷却とは遊離した関係にあるのではないか。高速になると、

冷却不充分となって過熱する心配がある」

しかしグラマン社のテストの結果では、そのような心配はなかったという。

アンチ・ゼロの〝熊猫〟

しぼりきった胴体の上に、ちょこんとのったような水滴型風防――キャノピ――も自慢の一つで、視界は

ベアキャット

後方をふくめてきわめてひろい。傑作機P51「ムスタング」D型以降とまったくおなじ良好さである。「紫電改」の風防もよく似た形だが、残念ながらプレキシガラスの製作未熟でワクが多く、それだけ視界をそこねている。

　重量をできるだけへらそうとした努力のおかげで、アメリカ

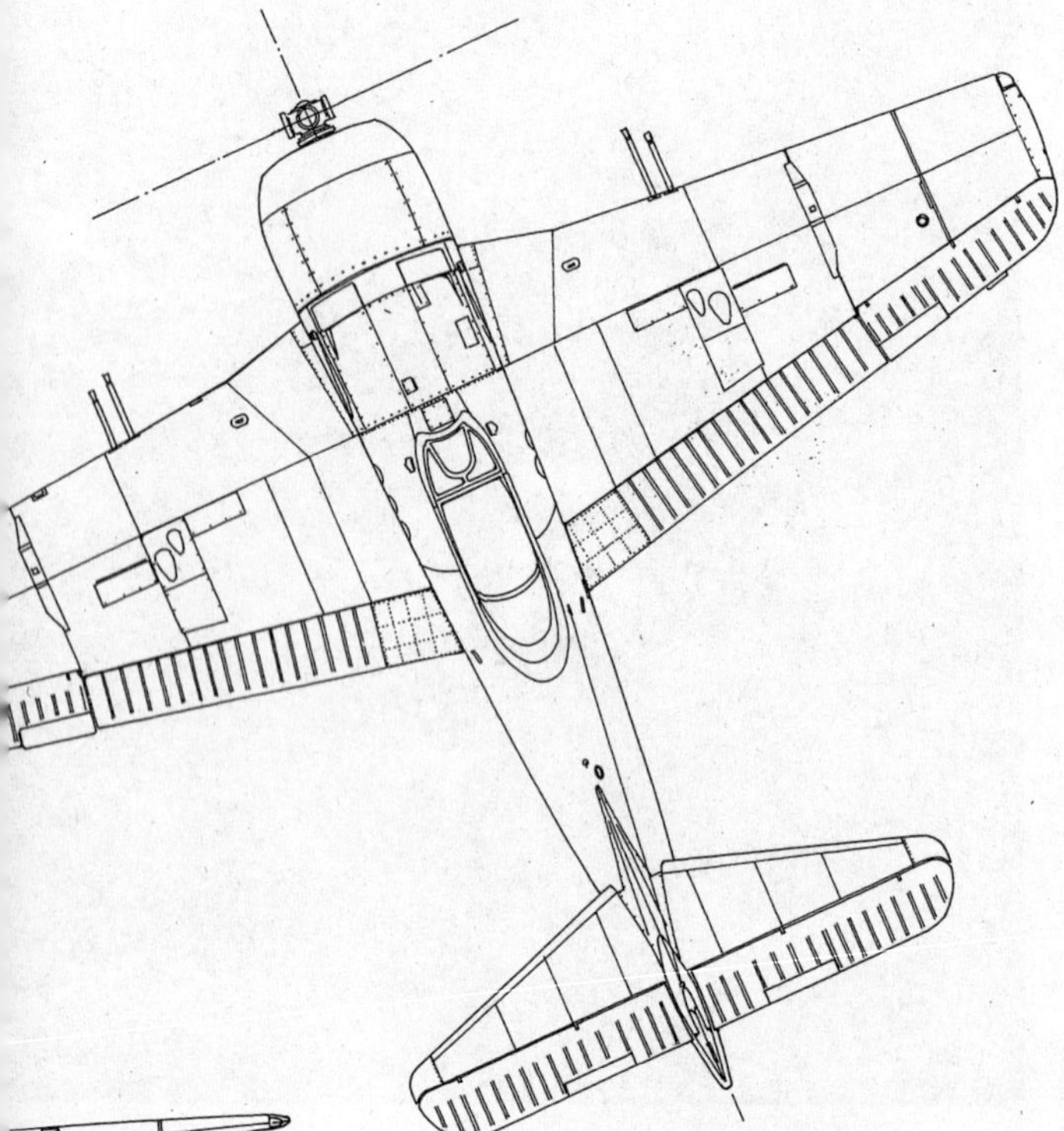

グラマンF8F-2ベアキャット

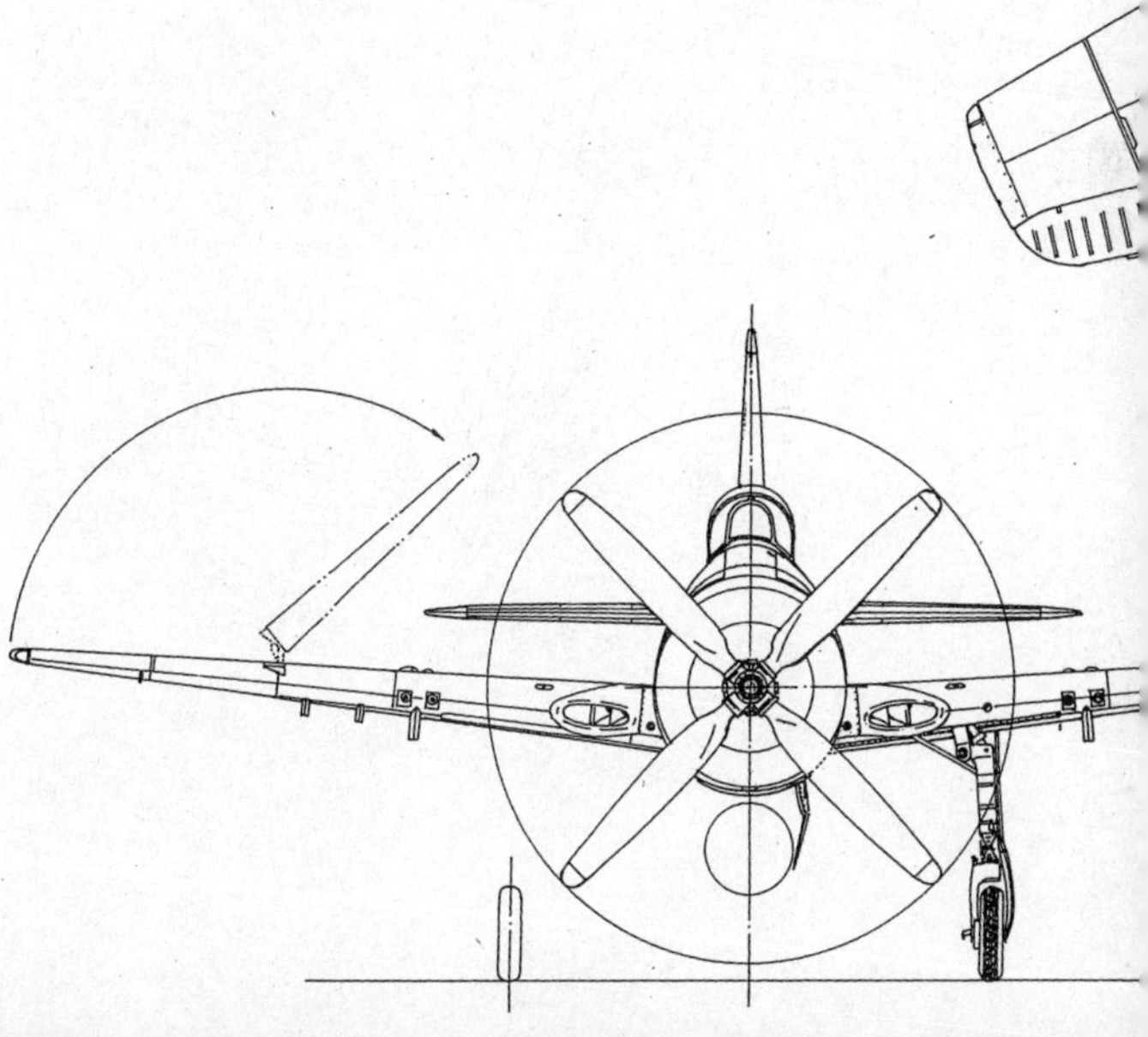

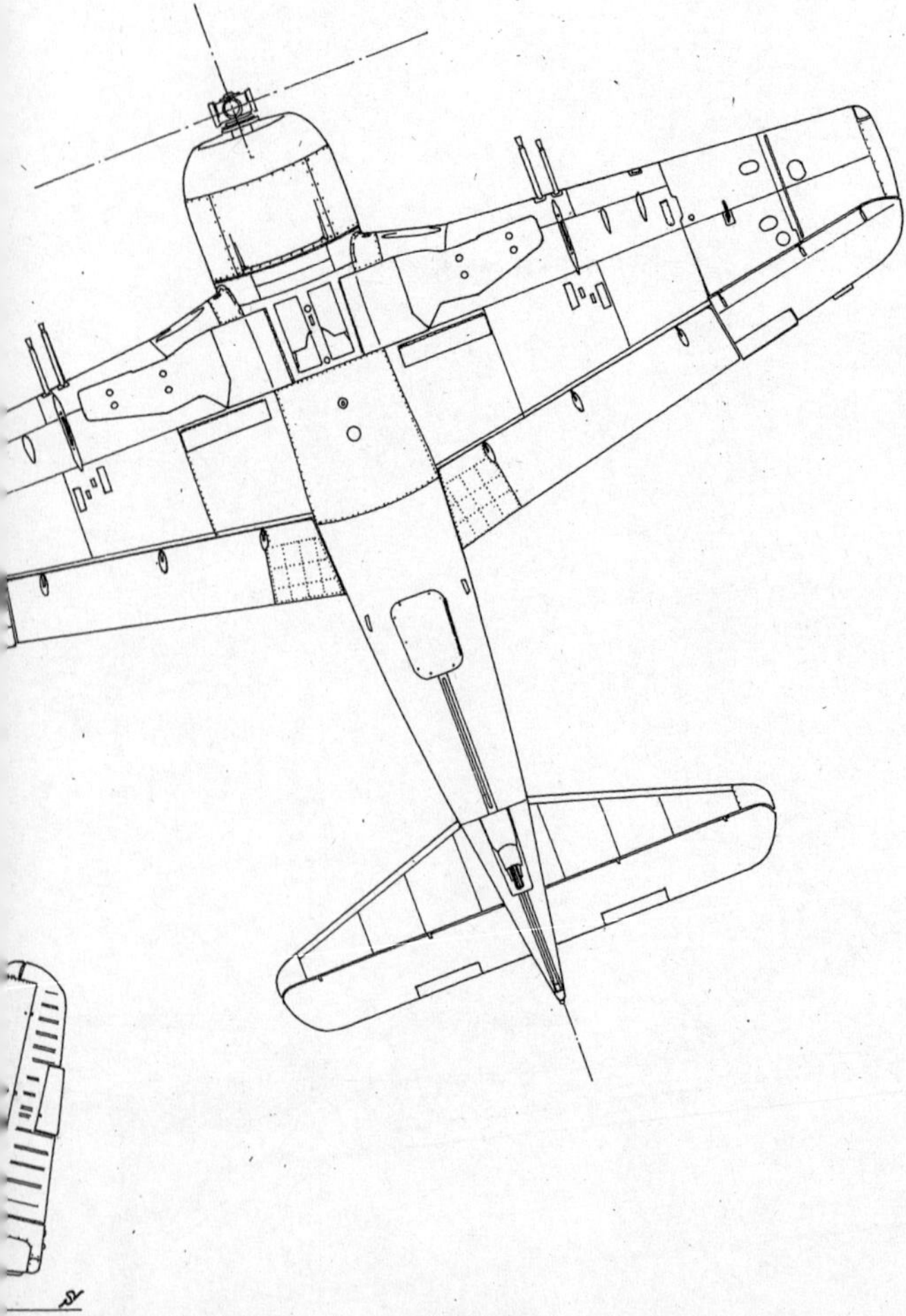

グラマンF8F－2ベアキャット

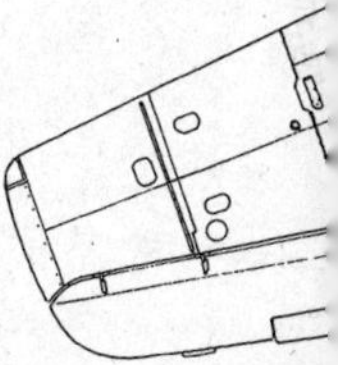

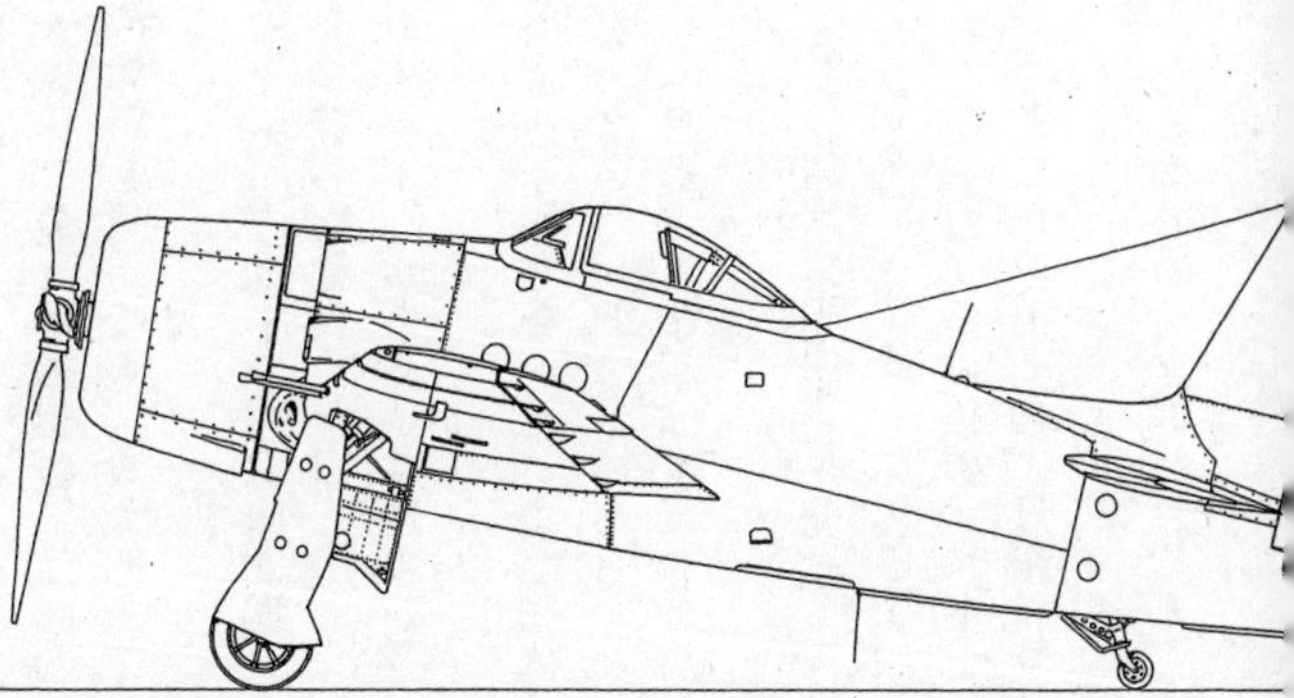

グラマン社製戦闘機の大きさ

	全幅 (m)	全長 (m)	全高 (m)	主翼面積 (m^2)	自重 (kg)	全備重量 (kg)	燃料 (ℓ)
F4F-4	11.6	8.8	2.7	24.2	2675	3615	545
F6F-5	13.0	10.2	4.9	31.0	4180	5780	950
F8F-1	10.8	8.7	4.2	22.7	3030	4290	950

の二〇〇〇馬力級戦闘機としては、驚異的に軽い、自重わずか三・〇三トンのものができあがった。総重量は三・九六トン、最大航続距離二三〇〇キロを見こむ九五〇リットル（増槽とも）の燃料を積んでも、最大四・二九トンである。

Ｆ６Ｆが五・七八トン、Ｆ４Ｕが五・七五～六・二九トン、Ｐ51が四・一七トン（これは標準で、最大なら約四・五トン）、「紫電改」が四・〇トン、「疾風」が三・七五トンとくらべると、日本のライバルよりやや重いが、アメリカ機の中ではもっとも軽い。

翼が小さく薄くなったので、主脚は内方引き込み式となった。また胴体をみじかくしたため、垂直尾翼は丈《たけ》が高くなっている。Ｆ８Ｆのあらたな敵は、すでにゼロではなく「紫電改」であり「四式」になるはずだったが、ゼロなみの運動性がもりこまれていた。

アメリカの反攻が着々と功を奏しつつある一九四四年（昭和十九年）八月三十日、「ベアキャット（熊猫）」の原型ＸＦ８Ｆ-１は、テスト・パイロットのボブ・ホールによって初飛行をおこなった。その後のテストと量産への移行はきわめてスピーディで、年末の十二月三十一日に量産一号機が海軍に納入されている。

日本は敗色濃くなっても、試作から量産されるまでのテンポがおそく、

大戦末の傑作高速戦闘機、P51D ムスタング(上)、P47サンダーボルト。

「零戦」の真の後継機といわれた「烈風」が昭和十七年に計画されながら、初飛行したのは昭和十九年五月、そして量産もされないまま敗戦をむかえたのにくらべると、その差のあまりに大きいのに愕然とするであろう。

原型XF8F－1はR－2800－22W（離昇出力二一〇〇馬力）エンジンを装着していたが、生産型のF8F－1ではR－2800－34W（水噴射時の最大出力二四〇〇馬力）をつけ、最高時速は高度五二六〇メートルで六八二キロ（水噴射なし）にたっした。水噴射をすると、おなじ高度で、じつに七三三キロをだしたというから、当時の世界の戦闘機の中ではリパブリックP47につぐ高速戦闘機であった。

P47のJ型（D型の軽量化）は、プ

ロペラ機として最高の水平時速八二三キロをマーク（一九四四年八月五日）しているが、このF8Fもまた、テストで時速八〇〇キロを突破しており、当時のプロペラ高速機の双璧を形成している。

〝アンチ・ゼロ〟として期待された上昇力はやはり大変なもので、毎分一四四〇メートルの海面上昇率にたっし、水噴射をおこなうと二〇〇〇メートルにたっしたという。これは他のいかなる戦闘機にもまさる上昇力である。

水噴射なしでも、高度六一〇〇メートルにたっするまで五分四〇秒だから、「零戦」の五〇〇〇メートルまで五分五〇秒、「烈風」の六〇〇〇メートルまで六分よりはるかに上まわった。また上昇限度も、一万四四〇〇メートルと最高だ。

なおF8F「ベアキャット」が、ゼロに対抗すべくこれほどまでに骨身をけずって軽量化したのに、「烈風」では逆に「零戦」より大型化していたのは、まことにおもしろい現象である。

翼幅一四メートル、全長一〇・九八メートル、主翼面積三〇・八六平方メートルと、ちょうどF6Fなみの大きさとなった「烈風」は、「まるで艦攻のようだ」と海軍パイロットから評され、格闘性にやや疑問をもたれたようだ。これは、あまりにも離着艦性能と長距離侵攻性を考慮しすぎたための大型化であって、日本海軍の用兵思想の動脈硬化ぶりをさらけ出したものである。

機体の大きさといい、その開発期間といい、あまりにも対照的な「ベアキャット」と「烈風」であった。

就役をまえに終戦を迎える

伝統の防弾装置は、もちろんF6Fとだいたいおなじものをつけられているが、武装（火力）のほうは一二・七ミリ四梃とへらされた。しかし機銃の性能がよくなり、銃弾も日本機むけに徹甲弾、焼夷弾を配合した各三〇〇発ずつでじゅうぶんなことから、六梃から四梃にへらされたのである。

爆弾は四五〇キロのものを両翼下につるすことができ、一二・七センチ・ロケット弾四発（あるいは〝タイニイ・ティム〟ロケット弾二発）とすることもできる。

一九四五年（昭和二十年）五月、F8Fの部隊が編成されて空母訓練を開始し、日本海軍の「紫電改」出現によって、戦線投入をいそがれたが、十一月のオリンピック作戦への登場を待たずして、戦いはおわった。

もちろん、これが「紫電改」「烈風」と空戦をまじえて、優勢であったかどうかはわからない。あるいは思わぬウィークポイントが内在して、「紫電改」の自動空戦フラップ（川西航空機考案の空戦用エアブレーキ）に、苦戦を強《し》いられたかもしれない。

しかし「零戦」の運動性を目標に設計し、それが具体化されたうえ、諸性能も満足できるものとあれば、たとえ日本の戦力にまだ余裕があったにしても、おそらくいずれの機種も撃破できただろう。それは単に、空戦性能だけを追ったものでもなければ、スピード一本槍でもない真に調和のとれた、「零戦」の二代さきの後継機といってもいい存在だったからである。

F8F‐1「ベアキャット」は、グラマンとゼネラル・モータース系のイースタン・エアクラフト社で、F3M‐1の名でまず一八七六機量産されることになっていたが、戦争終結により、すべてキャンセルされた。

しかし、グラマン社で製作した七六一機と、火力を二〇ミリ機関砲四門としたF8F‐1Bが一〇〇機、右翼の下に流線形覆いつきのレーダーをつけた夜間戦闘機型F8F‐1Nが一四機、合計八七五機のF8F‐1シリーズが生産された。

また垂直尾翼を高くして、カウリング(エンジン・カバー)の形を改良したF8F‐2が二九三機、その夜戦型F8F‐2Nが一二機、二〇ミリ機関砲を半分の二門とし、胴体下面にカメラをすえつけた写真偵察型のF8F‐2Pが六〇機、つまりF8F‐2シリーズは三六五機つくられ、1、2型合計一二四〇機が、一九四七年(昭和二十二年)七月までに生産されている。

傑作機なのに数が少ないのは、終戦直前から実用化され生産のはじまったジェット戦闘機(海軍のマクダネルFD‐1「ファントム」、陸軍のロッキードP80「シューティングスター」など)の波に押されたためで、以後、グラマン社も艦上ジェット戦闘機F9F「パンサー」を生産することになる。

戦後、民間に払い下げられたF8F-2はスピード・レーサーとなった。

スピードレースで実力発揮

一九五〇年代にフランス空軍へ供与された「ベアキャット」は、のちに南ベトナム空軍へまわされて戦乱をいろどった。しかしそれよりもはなばなしいのは、民間に払いさげられたF8F-2がスピード・レーサーとなり、有名なエアレースに参加していることだ。

キャノピー（風防）を低く小さくしたり、翼端を切断した「ベアキャット」が、ユナイテッド・ステーツ・カップ・エアレースやナショナル・チャンピオンシップ・エアレース（リノ・エアレース）で、やはりかつての名機P51「ムスタング」やホーカー「シーフュリー」（イギリス製）、ヴォート「コルセア」と、スピードをきそっているのである。

とくに、一九七一年九月のリノ・エアレースでは、出場した二機の「ベアキャット」が一位、二位を独占してしまった。優勝したD・グリーンマイアは一九六九年八月十六日、この「ベアキャット」でピストン・エンジン機による三キロ・コース上のスピード記録にいどみ、時速七七六・四四九キロのFAI（国際航空連盟）公認国際航空記録を樹立している。

もっとも、未公認ではP47Jの時速八二二キロがあるが、公認では、これが一九三九年以来三〇年ぶり（ドイツのメッサーシュミットMe209の時速七五五・一三八キロ）の記録更新であった。テストで時速八〇〇キロをこえているのだから、この公認記録はむしろおそすぎたくらいである。

これらのスピード・レーサーあるいは曲技機は、エンジンを従来のプラット・アンド・ホイットニー「ダブルワスプ」空冷複列星型一八気筒R-2800シリーズで最強の、R-2800-99W、二五〇〇馬力（水噴射時二八〇〇馬力）を装着していた。

タイミングにめぐまれれば、日本の「紫電改」「疾風」「烈風」と空戦をまじえ、アメリカ人の敬愛を一身に浴びていたかもしれないF8F「ベアキャット」は、戦後はスピードレースに登場したり、機体をを真っ赤に塗って曲技飛行を披露し、若者たちのアイドルになっている。

いずれにしても、グラマン社が戦時下の総力を結集して仕上げた実力機だからこそ、戦後数十年たった今日でもなお、若々しい感覚と性能をもって、われわれの前に迫ってくるのであろう。

8 朝鮮戦争とグラマン

軍と航空機会社が一体となって

グラマン社の戦時生産のピークは、ベスペイジ工場でF6F-3「ヘルキャット」を集中的につくっていた一九四三年（昭和十八年）の八月で、月産六五八機にたっしていたが、その後、F8Fなどの開発を先行させたので、特急生産はブレーキがかけられた。

月産六五八機というのは、アメリカの当時の月産総機数の約一二分の一にあたり、日本の月産総機数の三分の一というかなりの数である。ちなみに、一九四四年における、アメリカの年産機数約九万機にたいして、日本は二万五〇〇〇機ほどだった。

しかしその内容は大いにちがっていて、日本が中・小型機ばかりだったのにたいし、アメリカはB24、B29などの大型機を多数ふくんでおり、力はまさに雲泥の差があった。

一九四四年末には、グラマン社の従業員総数は二万一六〇七人にたっした。このころ日本では、中島、三菱の大メーカーで、従業員数は一五万人前後といわれているが、技能者といえばごくわずかで、ほとんどが三年未満の経験者、あるいは徴用工、女子挺身隊、動員学徒らであった。

ところが、グラマン社の動員工は、メカニックについての経験者がほとんどで（アメリカ全体の航空機会社がそうであるが）、飛行機にたいする知識と技術は、はるかに上だったのである。

戦争後半になると、日本機は一機種の中でそれぞれ性能がちがい、編隊を組むのもむずかしくなったが、アメリカ機はどれをとってもカタログ・データどおりの性能が出せたといわれるのも、こうした事情によるといえよう。

ベスペイジの工場も第四、第五工場が増築され、滑走路は幅広く、そして延長された。日産二〇機のF6F「ヘルキャット」が、工場からつぎつぎにおくりだされていくと、すぐテスト飛行がおこなわれ、パスしたものから海軍基地へひきわたされていく。日本の中島、三菱で見られた光景とよく似ているが、テスト期間の大きくちがうことは、前のような理由から明らかなところであろう。

アリューシャンで捕獲した「零戦」21型を、米海軍およびグラマン社が徹底的に調査分析して、既製のF6Fに活をいれ、新開発のF8Fを真の傑作機に仕立てあげたことは、軍と民間航空会社の緊密な協力一致ぶりを物語っている。

ドイツの場合、航空省は民間人の前にいばりちらし、情実の巣となりはてて、あたら世界一流航空機の発達と生産を阻害したといわれるが、戦時生産でいちばん大切なのは、経験のあさい軍人が、重要なポストを占めて独走する傾向があるのを、いかにコントロールするかということである。

日本海軍の民間航空会社にたいする指導と連係動作は、けっしてアメリカ、イギリスにおとるものではなかった。それだからこそ、大きなハンディキャップを背負いながら、初めのうちは広大な太平洋戦線を駆使するに、じゅうぶんな航空戦力を保持できたのだ。

しかし、米海軍と民間航空機会社の関係はもっと緊密なものがあり、メリーランド州のパタクセント・リバー海軍テスト・センター（ワシントン州コロンビア区に隣接）に、当時の海軍航空機メーカーであるグラマン、ヴォート、ノースロップ、グッドイヤー、ダグラス、カーチス、ユナイテッド・エアクラフトなどから、新型機がぞくぞくもちこまれて、海軍の音《おん》頭《ど》とりで合同戦闘機協議会を随時ひらくまでになっていたのである。

もちろんあつめられた戦闘機で、模擬空戦を演じたり、たがいに乗りかえてテストしあうということがおこなわれ、戦争目的のためには国内のライバルを超越し、ひとつになって敵にぶつかるという協調精神がつらぬかれた。

ヨーロッパ戦線、太平洋戦線で捕獲したドイツ機、イタリア機、日本機もつぎつぎとパタクセント・リバーのテスト・センターにあつめられ、性能テストがおこなわれた。メッサーシュミットBf109もさることながら、もっとも人気をあつめていた〝特別招待客〟は、「零戦」21型から52型であった。

テスト基地での「零戦」とF8F

ライト・フィールドにおける「零戦」21型テストのあと、一九四二年十月、中国南部の放棄された飛行場に不時着中破した「零戦」21型を、シェンノートの〃フライング・タイガーズ〃義勇軍が発見、ガーバード・ニューマン曹長（のちのGE副社長）のみごとなウデで復旧させ、危険をおかして桂林基地にはこんだのち、アメリカへおくられている。

これは「EB-2」と名づけられたが、アリューシャン・ゼロであらかたのテストをおえたあとだったので、ライト・フィールドではほとんどテストされず、カーチス・ライト社へ研究材料として供与された。

その後（一九四三年）、ニューギニアでおこなわれた「零戦」32型（アメリカ側呼称「ハンプ」）二機を捕獲し、一機を完全な32型に組み立てて「EB-201」と名づけ、やはりライト・フィールドでテストしたが、これはパタクセント・リバー海軍テスト・センターにもまわされている。

さらに一九四四年六月以降、サイパンで十数機の完全な「零戦」52型が手にはいり、それらは「TAIC」の1から連番をつけられ、各テスト飛行場へおくられた（同じころ、捕獲第一号の21型機は、アナコスチア川に墜落し、破壊してしまった）。

「TAIC5」はライト・フィールドで、航空界の至宝チャールズ・リンドバーグ大佐の入念なテストをうけた。「零戦」としては、敵側とはいえ当代の多くの名パイロットを乗せて、彼らの「零戦」に関する談話や著述をのこさせているのであるから、飛行機冥利《みょうり》につきると

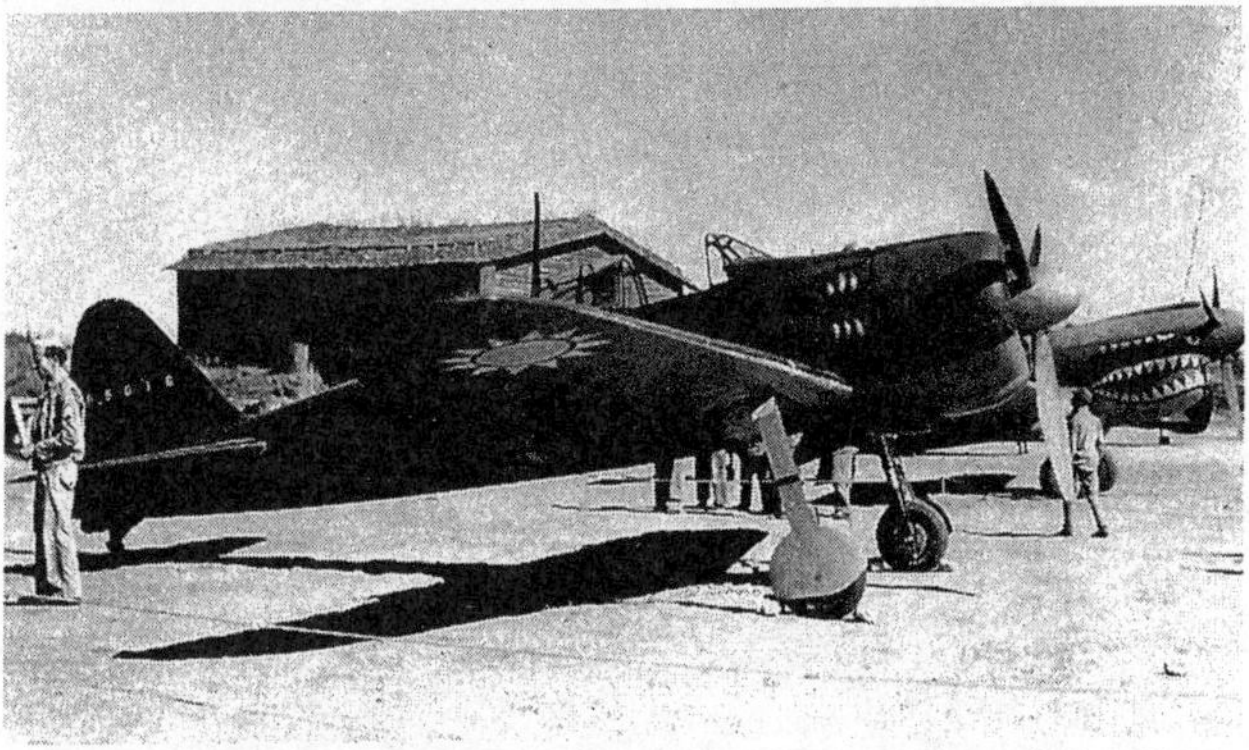

大戦中、大陸戦線で捕獲され、主翼のマークをぬりかえられた零戦21型。

いってもよいであろう。

パタクセント・リバーで、「零戦」52型とF6F、F4F、F4Uなどとの比較テスト、模擬空戦が熱心におこなわれているところへ、一九四四年十月、初飛行をおえてまもないF8F-1が到着した。

一九三五年以来、一〇年ちかく艦上戦闘機の座を独占しつづけてきたグラマンであったが、F6F-6がたとえ六七〇キロの最高時速をテストでだしたとはいえ、「ヘルキャット」シリーズの延長では、いかにも二番煎じの感をまぬかれない戦闘機の時流になっていたので、完全なモデル・チェンジであるF8F-1は、鮮烈な印象をあたえた。

さっそくF8F-1と「零戦」52型の比較テストがおこなわれ、低速における運動性をのぞくあらゆる面で、すぐれていることがわかった。つづく模擬空戦でも、中高度（四〇〇〇メートル以上）になれば、まず負けることはなかった。しかし、本来なら「紫電改」か「烈風」が相手をすべきところなのに、すでに旧式に属する「零戦」がつとめたのだから当然であろう。

とはいっても、「零戦」を分析して得た成果に、グラマン社のスタッフはほっと肩の荷をおろした気分にひたっていた。

しかし量産命令が出されたといって、F8Fがただちに実戦部隊に投入されるものではなく、スピードに限界を感じてきたF6F「ヘルキャット」を助けるつなぎ役として、着艦性能を改善したヴォートF4U「コルセア」が、ここで大きくクローズアップされてきたのである。

海兵隊の人気者「コルセア」

この機体は前にもしばしばふれたように、離着艦性能がよくないため、海軍では第17戦闘飛行隊でしか採用されなかったが、陸上基地を主としてつかう海兵隊では人気があり、一九四三年二月のガダルカナル島ヘンダーソン基地進出から登場して、八月には八つの戦闘飛行隊はすべて「コルセア」に改編されている。

海兵隊パイロット（第121海兵隊戦闘飛行隊）のエース、J・フォス少佐（二六機撃墜）は、つぎのようにいっている。

「陸上用なら『コルセア』だ。レーサーとして通用するスピードは、ゼロの執拗《しつよう》な追尾をふりきることができる。とくにスロットルを過大にふかして水噴射すると、大幅にスピードアップされ、体勢をいれかえることもできた。

1945年2月16日、関東地方空襲に発進するF4U-1Dコルセア艦戦。発着艦の欠点が大戦末に改善された同機は、本土攻撃など広く用いられた。

しかしもっともよい攻撃法は、直上からのダイブ戦法である。私は『コルセア』に無上の魅力を感じている」

この「コルセア」の着艦性能が改善されて、失速直前の安定もよくなったとあれば、アメリカ人好みの機体だけに、海軍における普及もはやく、一九四四年四月の空母「ガンビアベイ」での実用テストに合格したあと、十二月には空母からの作戦をはじめるまでになっていた。

F4U-1シリーズの量産は、ヴォート社で四一〇二機、グッドイヤー社で三八〇八機、ブリュースター社で七三五機、さらに一九四四年末からは4型シリーズがつくられて、日本近海の米機動部隊空母から発進し、本土攻撃に多数参加している。各型総計一万二六八一機が生産され、最終的には「ヘルキャット」よりわずかに多い。

F7Fもまじえたキャッツ・トリオ

F6FとF8Fの間には、当然F7Fというのが存在する。これはF5F（前出）の失敗の教訓を生かして再設計された、やはり双発の単座艦上戦闘機である。

F5Fのほうはグラマンの自主開発からはじまったが、F7Fは海軍から試作機を発注（一九四一年六月三十日）された。海軍が、艦戦としては大型（全幅一五・七メートル、全長一三・八メートル、全重量九・七トン）の本機に積極的となったのは、そのころ四万五〇〇〇トン級空母「ミッドウェー」（もちろん命名はあと）の建造案があったためで、将来を見こして対日戦用の強力万能機を考えていたわけだ。

グラマン社では、F5Fが奇をてらいすぎたので、これは普通のスマートな肩翼機（胴体の肩の部分に翼をつけた型式）とし、離着艦に容易な前脚つきの三車輪を採用した。

一九四三年十一月三日に初飛行したが、ライトR-2600-14の一八〇〇馬力二基では弱いことがわかり、F6FなみのR-2800-22W、二一〇〇馬力二基につけかえて採用され、F7F-1「タイガーキャット」として量産されることになった。

しかし四万トン以下の空母にはどうしてもムリなので、着艦フックなどの艦上機用装備をとりはずし、海兵隊の陸上基地用にまわされて訓練をはじめていたが、実戦には参加せずに終戦をむかえている。

けっきょく、夜戦型をふくめた各型が、戦後の生産をあわせて三六〇機ほどつくられただけだが、機首に一二・七ミリ機銃四梃、主翼つけ根に二〇ミリ機関砲四門という重武装は、もし太平洋戦線にまにあっていたら、大きな威力を発揮しただろう。
また爆弾を九〇〇キロ（あるいは魚雷一本）積めるため、あたかも日本の陸上攻撃機とおなじ力強さで、それを投下したあとの空戦も、すすんでおこなえることを考えると、侵攻戦闘機の夢がたっせられた感がある。「ヘルキャット」「タイガーキャット」「ベアキャット」のグラマン・キャッツ・トリオに押しよせられては、質量ともにおとった日本機では、ちょっと手がだせなかったにちがいない。

グラマン社は戦闘機ばかりでなく、艦上攻撃（雷撃）機TBF「アベンジャー」の後継機をつくる余裕もみせている。

戦艦「大和」「武蔵」をはじめ、おおくの艦船を沈めて戦功のあった「アベンジャー」も、一九四四年のはじめごろにはすでに旧式化してきたので、新しくXTB3F－1（乗員二人、プラット・アンド・ホイットニーR－2800、二〇〇〇馬力一基）の開発にとりかかった。しかし発注されたのが一九四五年二月で、初飛行したのが終戦後の十二月とあっては、量産の必要もなくなり、艦上対潜哨戒機AF「ガーディアン」に衣《ころも》がえされ、少数機が生産された。

原型はピストン・エンジンとプロペラをとってジェット・エンジンにつけかえれば、そのまま初期のジェット機としてとおりそうな流麗なスタイルをしていて、さすがグラマンの作と思わせるものがある。

なおAF「ガーディアン」は、米海軍初の対潜哨戒用なので、攻撃型のAF－2Sと捜索型のAF－2Wが、二機一組となって任務を遂行するようになっていた。

しかしこれでは不便であるから、のちに一機ですべての用途につかえる双発のS－2「トラッカー」を登場させている。

ロバート・テーラー大尉が工場訪問

一九四五年一月のある日、ベスペイジの工場は、緊張の中にもウキウキしたムードに満ちていた。とくに女性たちが、顔をほころばせていた。

「もうすぐボブがくるそうよ」

「うわあ、サインをもらおう」

ボブとは、ハリウッドの美男スター、ロバート・テーラーのことで、二年まえ海軍に応召、〝戦う映画スター〟として人気があった。

それにしても、彼がグラマンの工場を訪ねるというのは、どういう理由によるのだろうか。

彼自身、「ぜひベスペイジへ行って、量産されるところを見たい」といっていたとおり、海軍大尉ボブ・テーラーは当時、航空隊で「ヘルキャット」の操縦教官をつとめていたのである。

入隊のときすでに三〇歳を越していたので、実戦部隊には編入されず、「ワイルドキャット」をへて「ヘルキャット」の操縦を新入りパイロットに訓練していたのだ。

俳優としての演技力があるうえに、生来の飛行機好きということから、教え方はうまく、天下の二枚目スターから手ほどきをうけるとあって、若手からの評判はよかった。

グラマン AF-2S 対潜攻撃機(左)とグラマン AF-2W 対潜捜索機。

「ようこそ、ボブ!」

「ボブ・テーラー、ご苦労さん」

の声にむかえられ、「ヘルキャット」工場を見てまわった彼は、工場の人びとに感謝をこめていった。

「『ヘルキャット』はすばらしい飛行機だ。だからこそブラシウ中尉のような太平洋のヒーローを何人も生みだせた。工場のみなさんも勝利にむけて、いっそういい仕事をしてほしい」

グラマン社の従業員たちは、映画『哀愁』(原題名『ウォータールー・ブリッジ』)でみせたあの渋い役柄そのままの彼をそこにみいだしたのだった。

なお翌年、復員して映画界に返り咲いたロバート・テーラーは、一九五一年に女優バーバラ・スタンウィックと離婚、一九五四年、ドイツ女優のアーシュラ・シースと再婚したが、肺ガンのため一九六九年六月八日に五七歳でこの世を去っている。

終戦で経営方針を転換

グラマン社にこのようないろどりをそえるうち、ヨーロッパでドイツが降伏し(五月八日)、太平洋戦線で沖縄が陥落した。

「あと一息だ、がんばろう！」を合言葉に、F6F-5の量産は急ピッチですすみ、F7FとF8Fの量産態勢がととのえられて軌道にのりだした。

おそらく多くの者は、「今年いっぱい、戦いはつづくだろう。日本が降伏するのは来春早々かな」という考えに支配されていたにちがいない。

ところが、ひそかに進められていた原爆作戦は、そうした予想を完全にくつがえしてしまった。八月六日の広島、九日の長崎に投下された原爆は、日本の戦意をまったく喪失させてしまい、十五日をもって無条件降伏へと追いやった。

アメリカ人にとって、これほど記念すべき、また心から祝うべき日はないのだが、軍需物資、とくに兵器を量産しているところでは、戦争終結により需要がストップし、軍から先ゆきの発注がすべてキャンセルされてしまうので、予想外に早い終戦は、不安と恐慌《パニック》をもたらした。

グラマン社もその例にもれず、まもなくF7F、F8Fの契約は大部分がキャンセルされ、その他の機種も大幅に減産しなければならなくなった。そこでスワーブル社長はグラマン会長と相談し、思いきって二万二〇〇〇人の全従業員をいったん解雇し、あらためて五〇〇〇人を採用しなおすという経営手術を断行した。

その結果、F7FとF8Fの両戦闘機を月産七五機にダウンして継続生産するとともに、G-21系民間水陸両用機の改良と、ジェット戦闘機の製作、誘導弾《ミサイル》の研究をおこなってきりぬけることになった。

なお一九四一年十二月八日から一九四五年八月十五日までの間に、グラマン社が米海軍にひきわたした飛行機は、一万七〇一三機にたっしている。

朝鮮戦争の花形ジェット戦闘機

見わたすかぎり焼け野原となった東京、横浜、名古屋、大阪、そして原爆の犠牲となった広島、長崎を見たとき、敗戦のあわれさ、戦争のむなしさを感じない者はなかったはずである。また、自由と協調の尊さを、つくづくと身にしみてさとったはずだった。

それは敗戦国のみならず、戦勝国もひとしく思ったことであって、世界の平和もしばらくはたもたれることと信じられた。

ところがわずか五年もたたないうちに、国際間の紛争が芽をふき、民族内の抗争に火をつけた。アメリカ、イギリスを中心とする西欧自由圏（西側）諸国と、ソ連、中国を中心とする共産圏（東側）諸国との対立が、ヨーロッパではドイツ、アジアでは朝鮮で、民族を東と西、南と北にひきさいたのである。

とくに朝鮮では、韓国軍と連合軍、北朝鮮軍と共産軍がそれぞれ連携《れんけい》して、朝鮮半島を舞台に、一九五〇年六月二十五日から限定局地戦争をはじめたのだった。

その経過はあらためて書くまでもないが、航空戦においてはジェット戦闘機の活躍という画期的な一面を見せてくれた。なかでも軽量級のソ連製ミグ15戦闘機と、重装備のアメリカ製F86「セイバー」戦闘機のジェット機同士の空中戦は、いろいろな話題を提供した。

「ミグ15の出現は、太平洋戦争初期におけるゼロの驚異と似ていた」

「のちに『セイバー』が優位をたもったのは、そのすぐれた操縦性とレーダー照準器およびGスーツ（耐G服）である」

などの評価はさておき、おもしろいのは、そのいずれもが戦後、ドイツから入手の後退翼資料をもとに設計された、亜音速戦闘機であることだ。すぐれていたドイツの航空技術は、戦勝の両国におなじ資料をあたえ、こんどはそれによって戦わせるという、皮肉であじなマネを演ずることになったのである。

海軍の艦載機の活躍もめざましく、アメリカ、イギリス、オーストラリアなど国連軍側の空母は、日本の横須賀、佐世保、岩国を基地として朝鮮近海に出撃した。もちろん艦上戦闘機もジェット化されており、米空母（「フィリピンシー」など）上にずらりとならぶのは、やはり〝艦戦グラマン〟の作になるF9F「パンサー」であった。

ジェット戦闘機「パンサー」開発

F8F「ベアキャット」があまりの傑作機であったため、グラマンのジェット機へのスタートがたちおくれたといえないこともない。副主任設計技師ディック・ハットンらのスタッフが、XF9Fジェット戦闘機のプランに手をつけたのは、一九四五年暮れといわれる。

すでにこのとき他社は、マクダネルがFD－1「ファントム」（現在の「ファントム」とは関係ない）の初飛行をすませ、ヴォートXF6U－1「パイレイト」、ノースアメリカンX

FJ－1「フューリー」（「セイバー」の姉妹機）といった艦戦も試作中で、特急の開発がのぞまれていた。

しかし各社とも、強力な（といっても推力三トンくらいであるが）ジェット・エンジンが当時のアメリカでは完成しておらず、難航した。そこでイギリスのロールス・ロイスの製作権取得や技術導入で、ようやく見通しがついたという、飛行機王国のアメリカにして、この悩みあるエピソードがのこされている。

1949年、空母ヴァレーフォージ上のF8Fベアキャット。

ロールス・ロイス「ニーン」エンジンをつけたXF9F－2の初飛行は、一九四七年十一月二十四日で、試作二号機、三号機にアメリカのJ33シリーズのエンジンをつけて、ついに採用となり、他をおさえて艦戦の座をまもった。

F9F－2は「パンサー」（ヒョウ）と名づけられ、直線翼の一見平凡な機体に見えるが、伝統の簡潔さと要領よさがマッ

F9F-5 パンサー

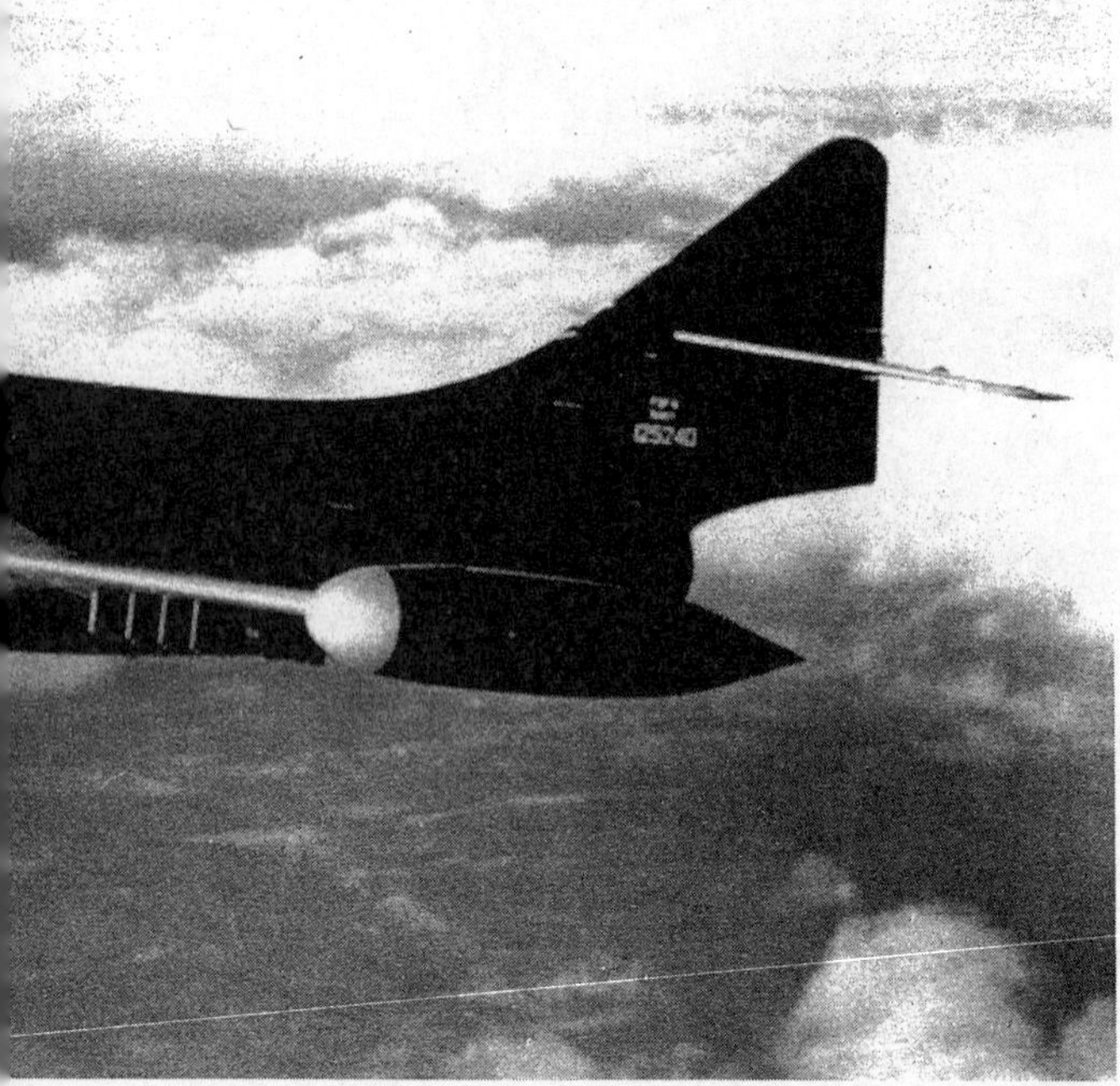

チして、空母パイロットの評判がよかった。このエンジンは、J42－P－6で推力二・三トン、つぎのF9F－3はアリスンJ33－A－8の推力二・一トンで、合計四一八機が生産されて部隊配備になるとき、朝鮮戦争がはじまったのである。

　これらのF9F「パンサー」ははやくも八月六日、空母「フィリピン

シー」から出撃して朝鮮戦争の全期間を通じ、海空軍の主力となって活躍し、最高速度は一〇〇〇キロ未満ながら、ミグ15を十数機も撃墜している。

F9F－5は、一九四九年十二月二十一日に初飛行したエンジン強化型（J48－P－4、推力二・九トン）だが、つぎのF9F－6からは後退翼になるとともに、

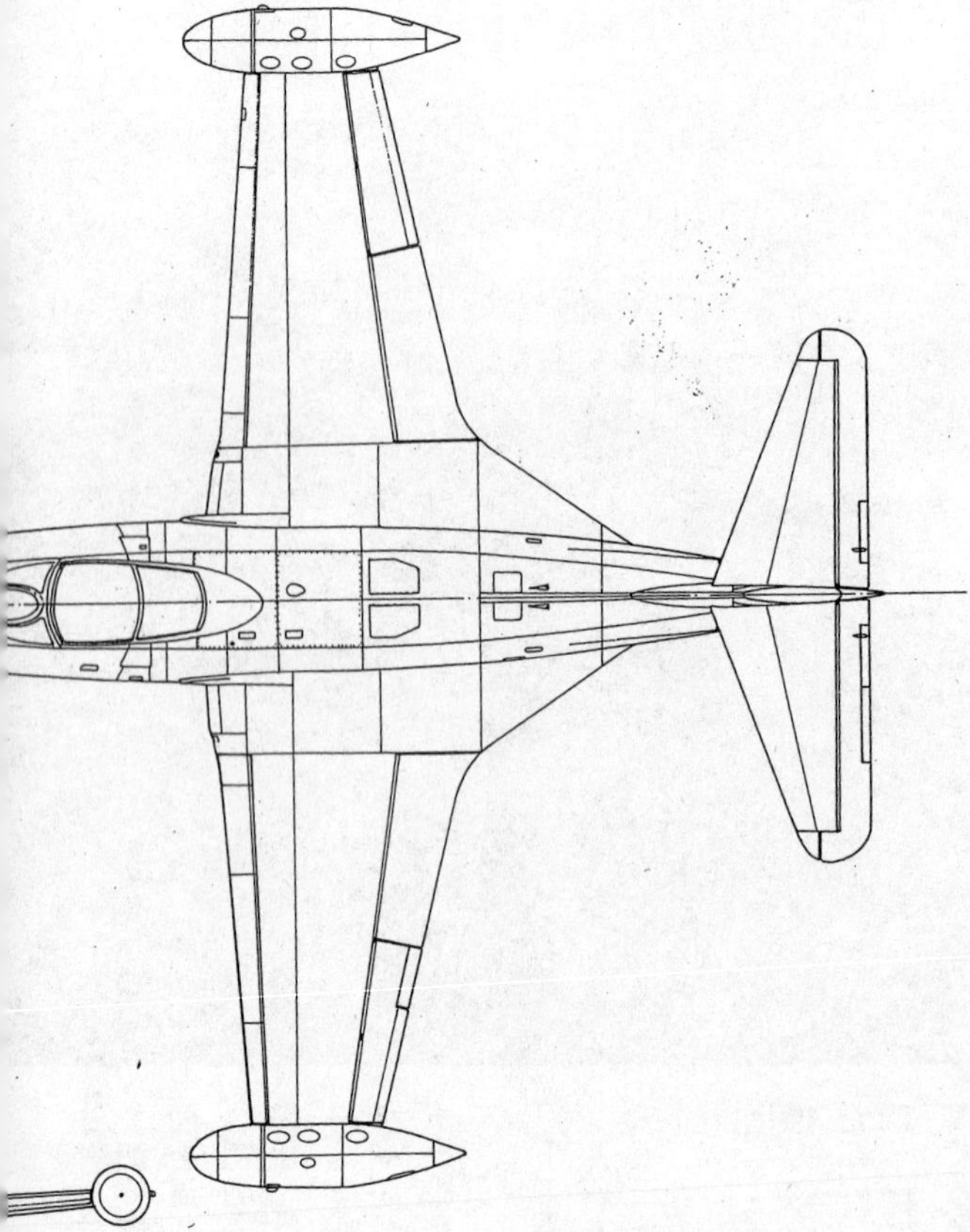

グラマンF9F-2パンサー

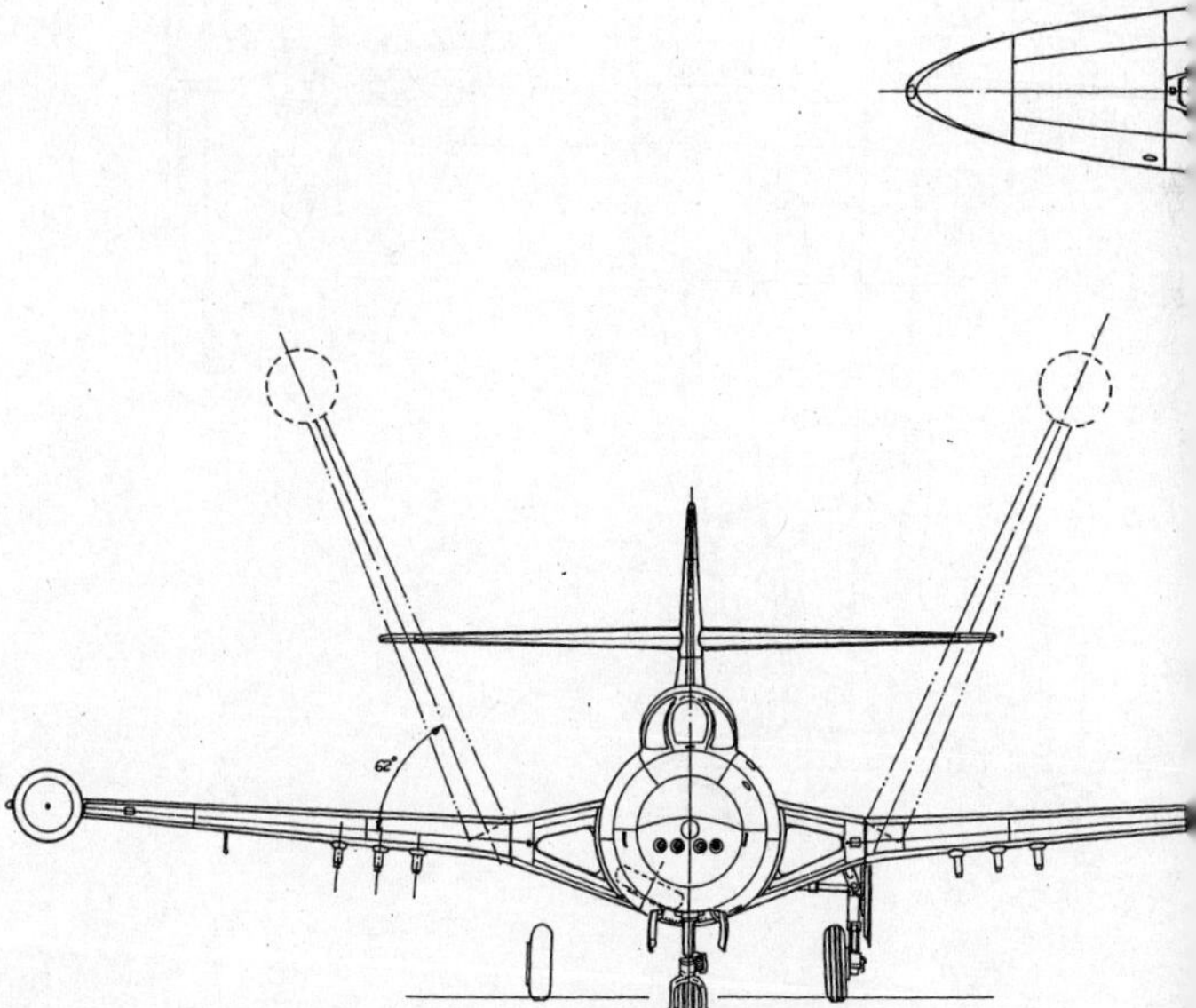

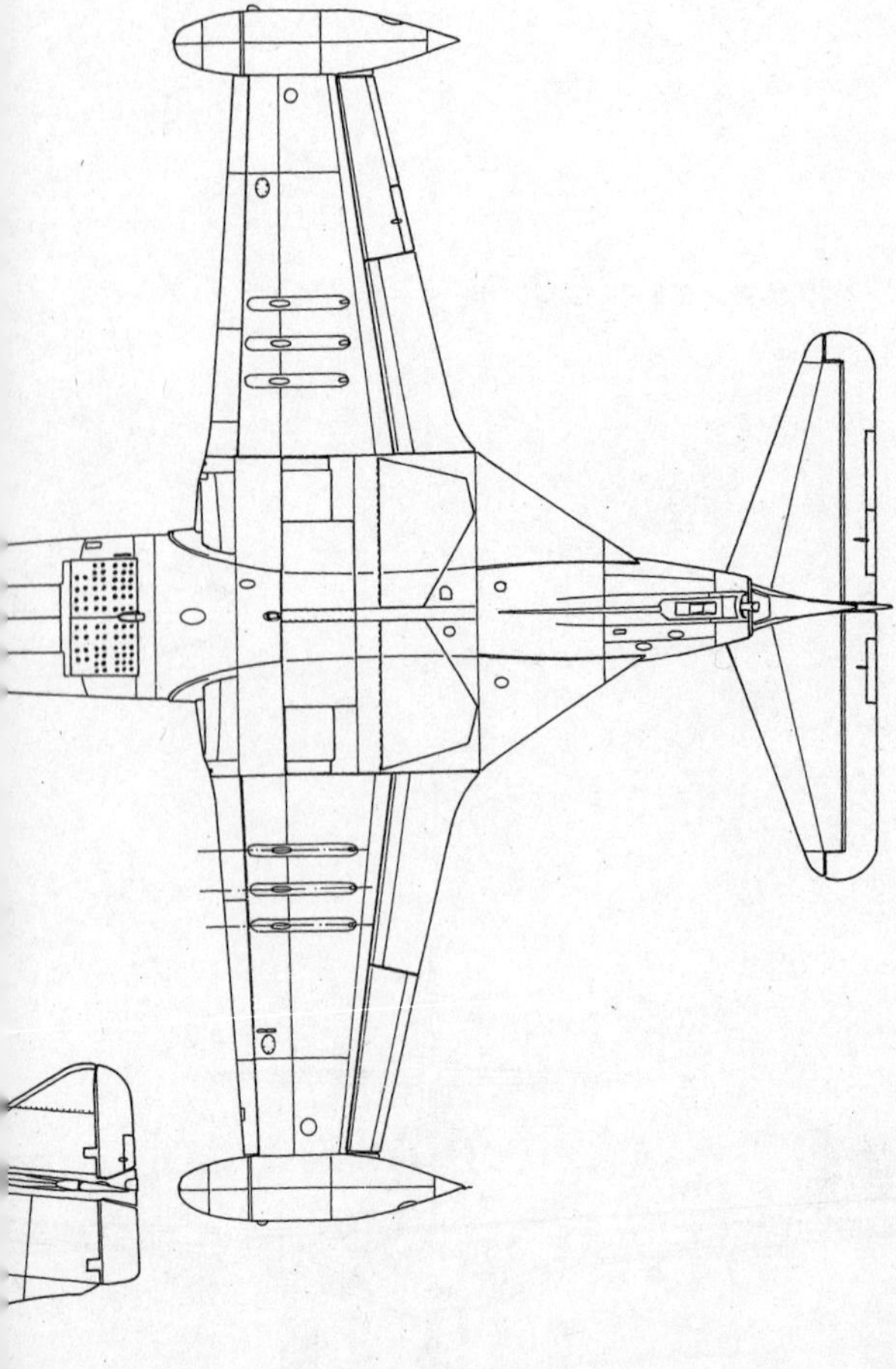

グラマンF9F－2パンサー

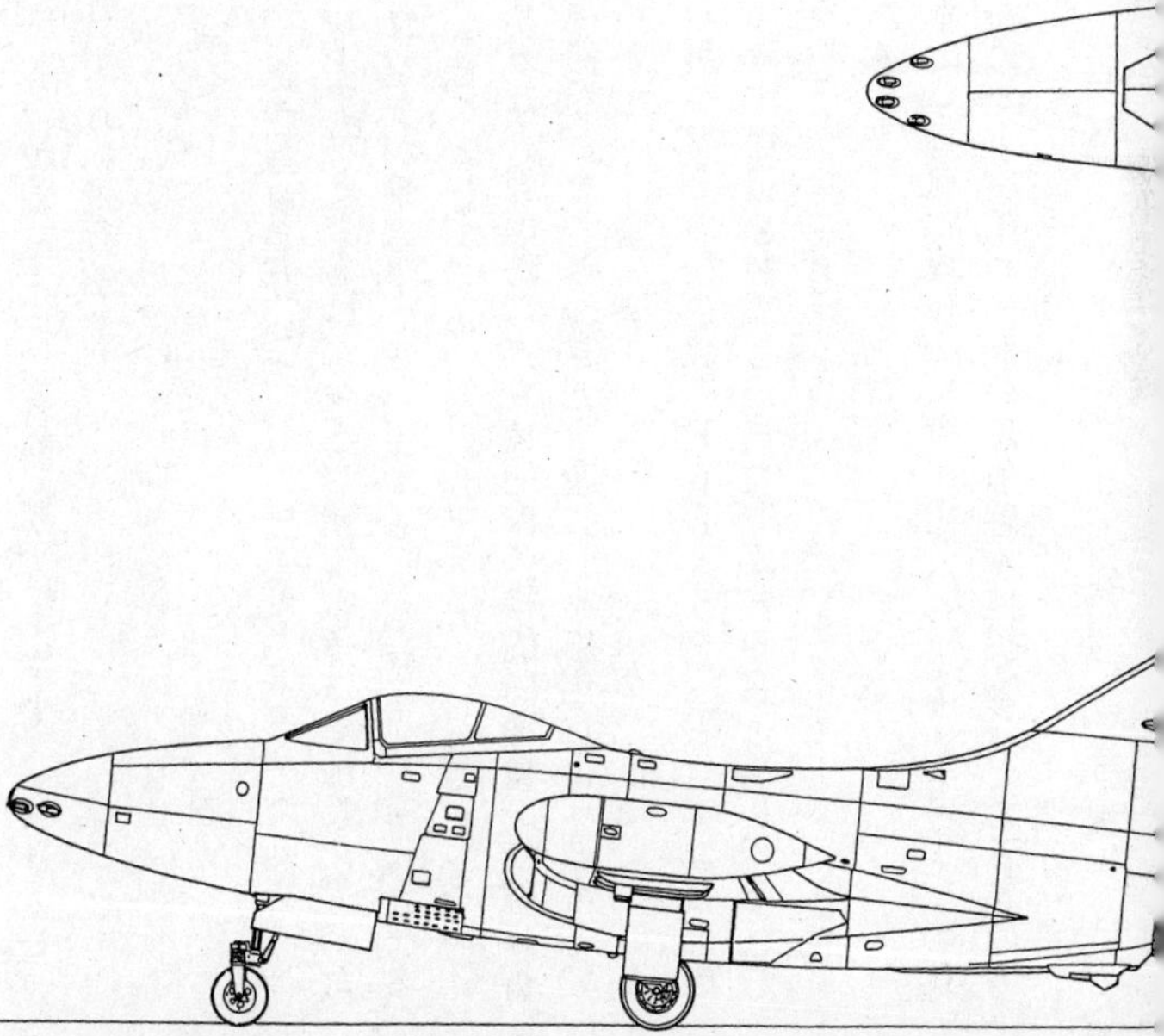

さらに強力なJ48－P－8の推力三・三トンが装着され、名前も「クーガー（アメリカヒョウ）」とあらためられた（一九五一年九月二十日初飛行）。

無人機として最後の出陣

すでに練習航空隊にまわされて、第一線から身をひいていたはずのF6F「ヘルキャット」も、まだ活躍しているF4U「コルセア」とともに、少数が朝鮮戦争に参加した。ただし普通の戦闘機としてではなく、パイロットが乗らずにラジオ・コントロール（無線による遠隔管制）されて飛ぶ〝ドローン〟（無人機）としてであった。

〝ドローン〟の開発に熱心だったアメリカは、戦前から無人標的機、標的誘導機、無線操縦爆撃機、無線操縦偵察機、無線操縦監視機などをつぎつぎと生産し、実用化しようと考えていた。

太平洋戦争ではついにつかわれなかったが、その後少数のF6F－5を〝ドローン〟に改造することがきまり、無線操縦装置をつけて爆弾を装着した無人機にF6F－5K、それを遠隔管制する誘導機F6F－5D（あるいはダグラスBT2D「スカイレーダー」などを改造）と名づけて、実験をかさねていたのである。

その命中率はひじょうにたかく、日本の「神風特攻隊」（命中率二〇パーセント以下）の比ではなかったといわれる。やはり無人なので、パイロットの恐怖感や挫折感などあるわけもなく、しゃにむに目標につっこめるからであろう。

F6F-5KはF6F-5Dにコントロールされて空母から飛びたち、北朝鮮の陣地やトンネルの爆破に使用された。共産軍も、はじめは遠隔管制されているとは知らず、「アメリカも〝カミカゼ特攻隊〟をつかいはじめたのか」とびっくりした。

パンサーのエンジンをより強力にしたF9Fクーガー。

もちろん北朝鮮では、アメリカで〝ドローン〟の研究をしていることは知っていたが、それはミサイルであって、まさか「ヘルキャット」が飛びこんでくるとは思わなかったらしい。むしろミッドウェー海戦で日本の重巡「三隈」の後部砲塔に体あたりした、米海軍指揮官機の戦訓がよみがえってきたのではなかろうか。

戦争の申し子「ヘルキャット」

この朝鮮戦争における出陣をもって、F6F「ヘルキャット」の戦闘目的と使命はおわった。「コルセア」のように共産軍への対地攻撃につかわれることなく、少数の〝ドローン〟としてもちいられたことに〝さびしい結末〟を思う人があるかもしれない。

しかし〝ドローン〟というのは、飛行機をもちいる場合、どれでもできるというものではなく、安定性のあるしっかりした機体でなければならない。この点で、「ヘルキャット」はうってつけだった。

また「コルセア」が、終戦ごろから「ヘルキャット」に入れかわって主力艦戦となり、朝鮮戦争でも活躍したことについて、「ヘルキャット」をひくく評価する人がいる。これなどは、太平洋戦争の大事な時期に艦戦としてもたついていた「コルセア」にかわり、航空戦闘を一手にひきうけて、戦争終結とともにパッと身をひいていった〝太平洋戦争のための艦戦〟であったことを忘れたいグサであろう。

アメリカで「ワイルドキャット」「ヘルキャット」のことを〝アイアン・ワーク・ギャング〟と愛称していたが、まさに両機は戦争に勝つための〝武器〟であり、〝戦争の申し子〟であったといえよう。

9 その後のグラマン社

ニュー「トムキャット」大成功も

朝鮮戦争でも大活躍した根強い〝戦闘機のグラマン〟は、F9F「クーガー」のすぐあとで、F10F「ジャガー」を試作した。

これは「クーガー」をひとまわり大きくして、主翼の後退角を大きくしたり小さくしたりできる、可変後退翼になっていた。空母用に主翼を折りたたむ技術を生かしたのだが、やはり未熟のため重くなりすぎて失敗している。

そこで、F9Fシリーズの最終改良型であるF9F-9「タイガー」が、一九五四年七月に初飛行してすばらしい結果をしめしたので、これをF11F-1「タイガー」と名称をあらため、海軍に採用された。

このころには、アメリカのジェット・エンジンも急激に発達して、推力七トン・クラスのJ75、J79（アフターバーナー——後部再熱焼装置——つきで、推力一〇トンにアップ）などが

XF10F-1 ジャガー

続々とつくられ、したがって性能も列強をぬいて先端をきるようになった。

F11F-1は操縦性もよく、米海軍の曲技飛行チーム「ブルー・エンジェルズ」の使用機となり、その美しい編隊フォームは映画にも撮影されているので、ご存知の方も多いだろう。

これをさらに改良し、エンジンを

強化（G・E・J79、推力七・三〜一〇・五トン）したのがF11F-1Fで、最高速度もマッハ二にちかくなった（初飛行は一九五六年夏）。

このとき宿命のライバル、チャンス・ヴォート社（ヴォート社の後身）が、F8Uシリーズの艦戦でマッハ二以上にたっして制式機に採用されたので、F11F-1をまた強力

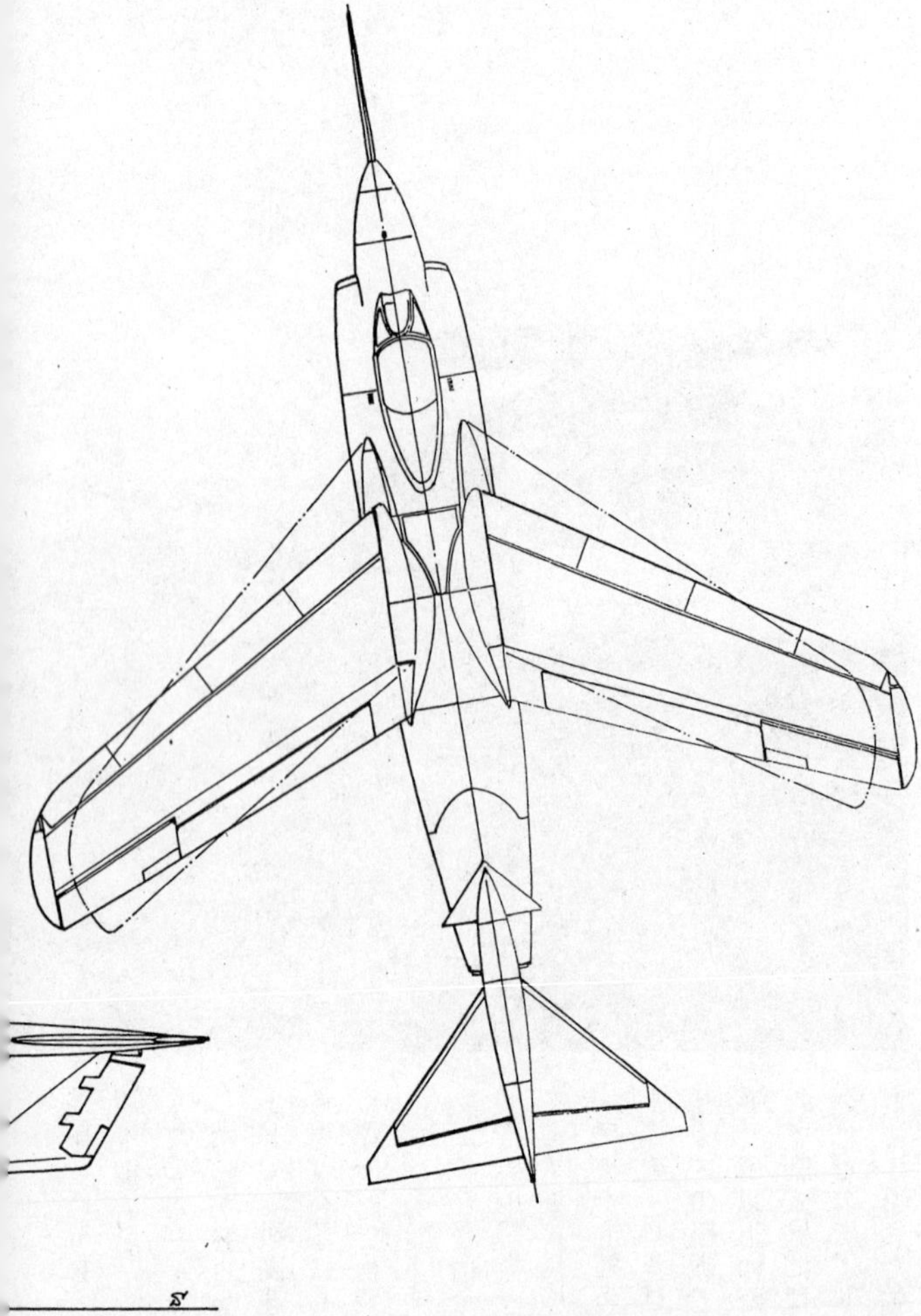

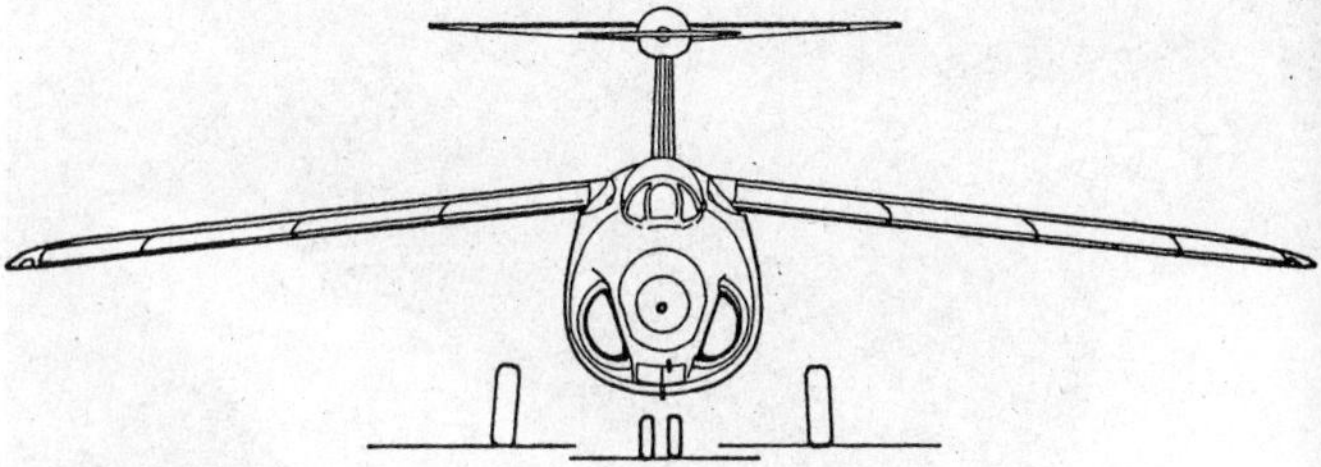

グラマン XF10F－1 ジャガー

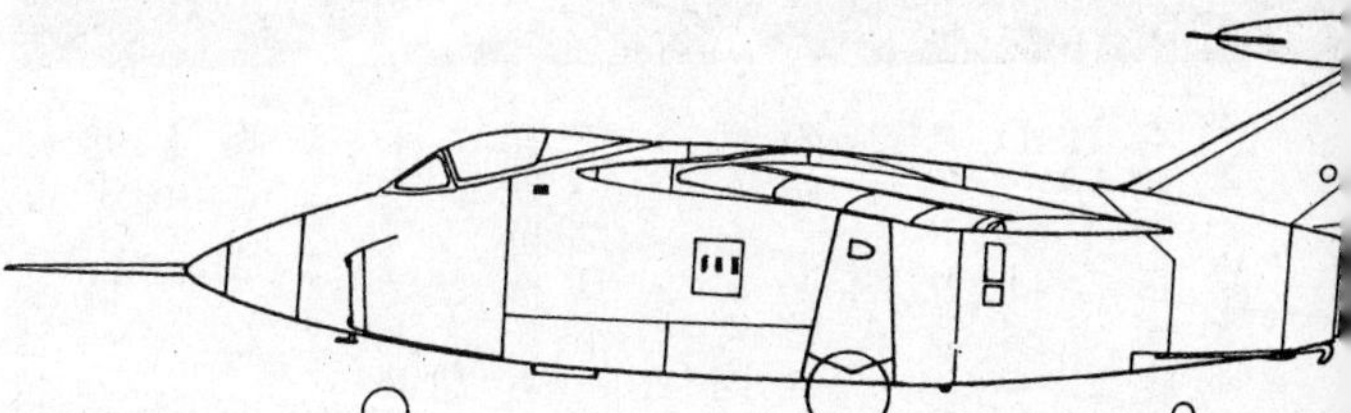

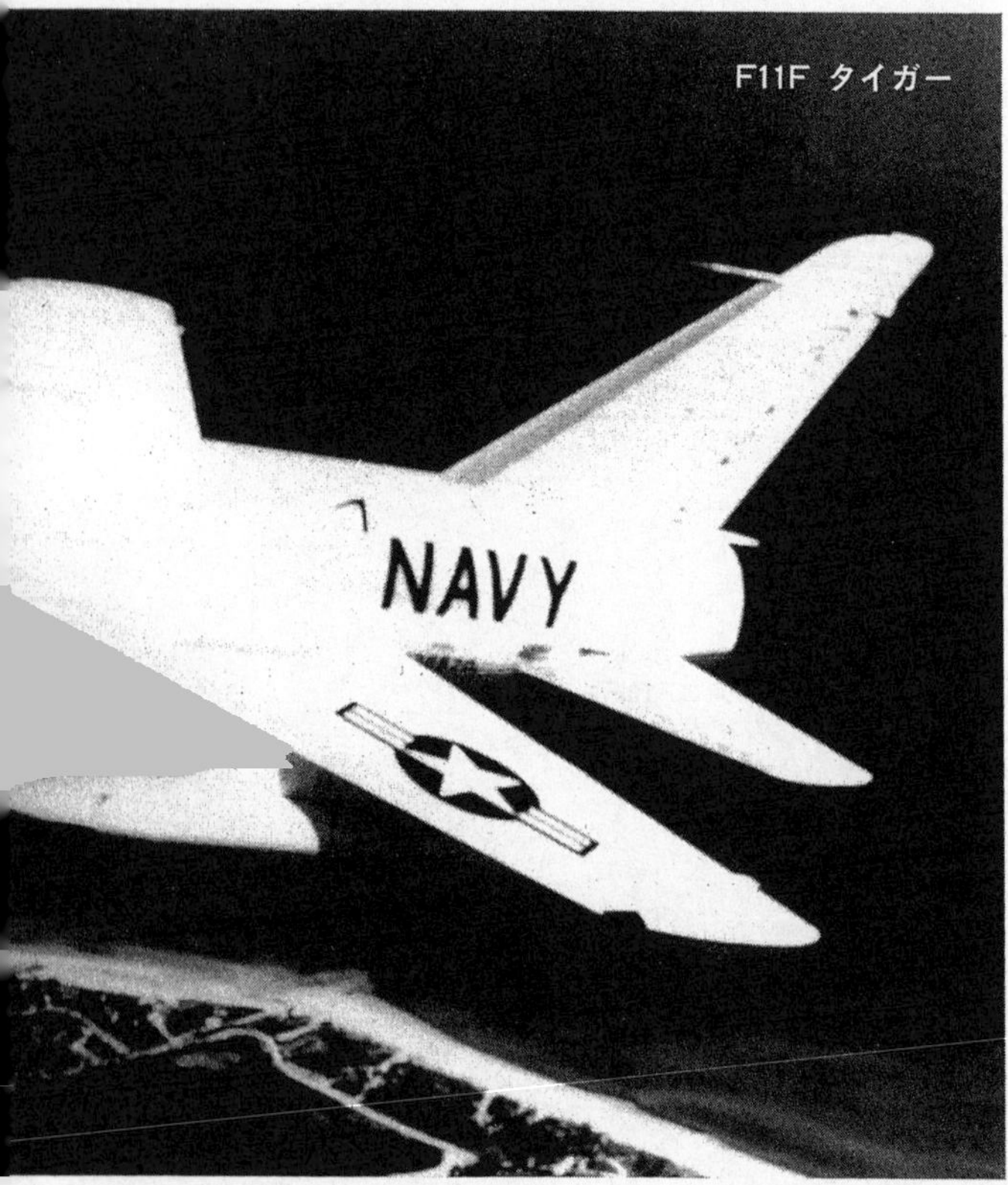

F11F タイガー

にした会社名称G98J-11「スーパータイガー」の計画となった。

ここでこの機体に声をかけたのが、ちょうど次期超音速機闘機をもとめていた日本、西ドイツ、スイスで、はからずも同時代の超音速戦ロッキードF104A、ノースアメリカンF100D、ノースロップN156Fなどと、日本航空自衛隊のF-Xの座をあらそ

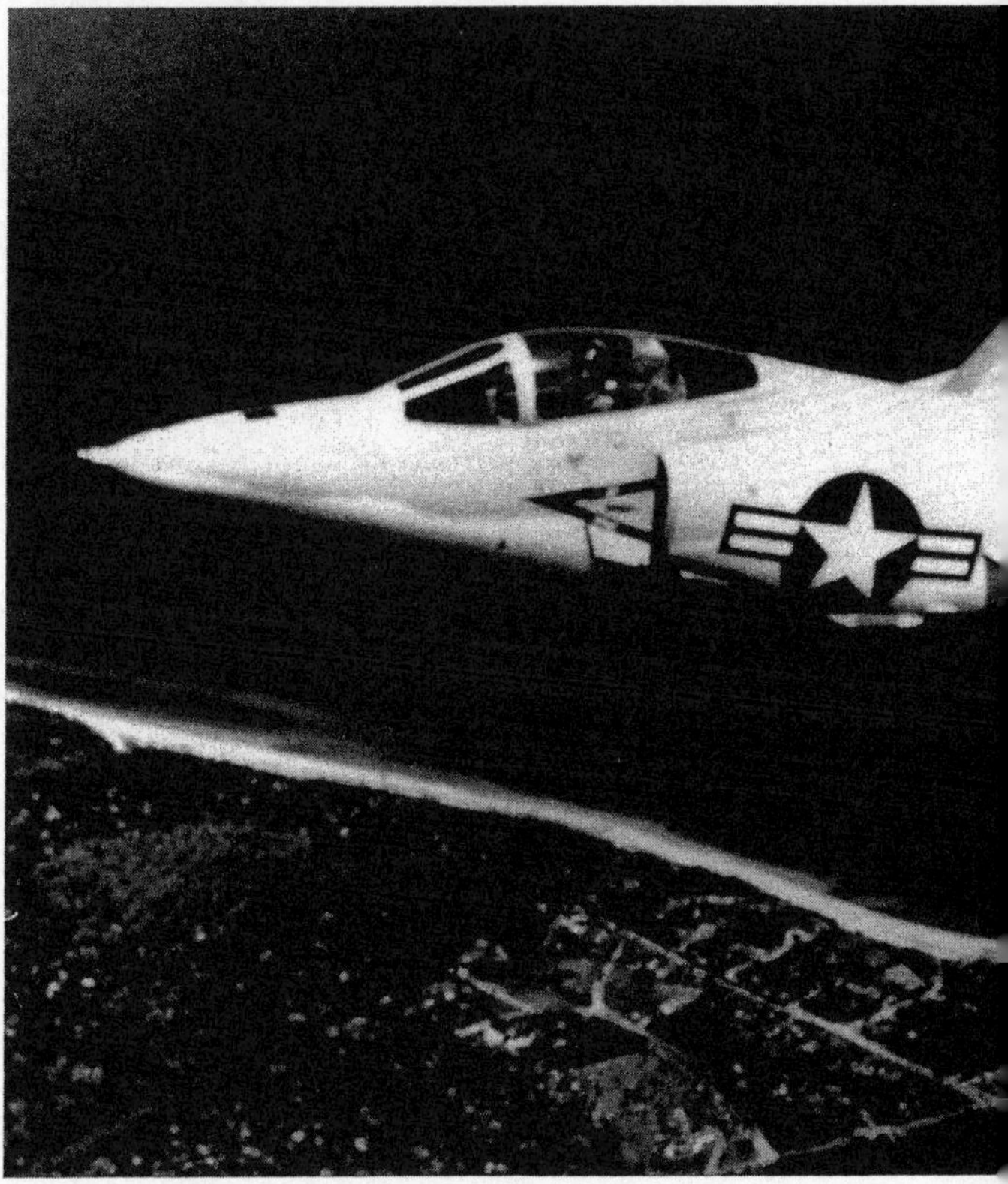

うことになったのである。
　けっきょくは「人類の乗る最後の戦闘機」というキャッチ・フレーズのロッキードF104A（日本むけはF104J）と「スーパータイガー」の二機種にしぼられ、〃ロッキードかグラマンか〃とさわがれながら決定がおくれて、ようやく一九五八年（昭和三十三年）四月、いったんグラマン

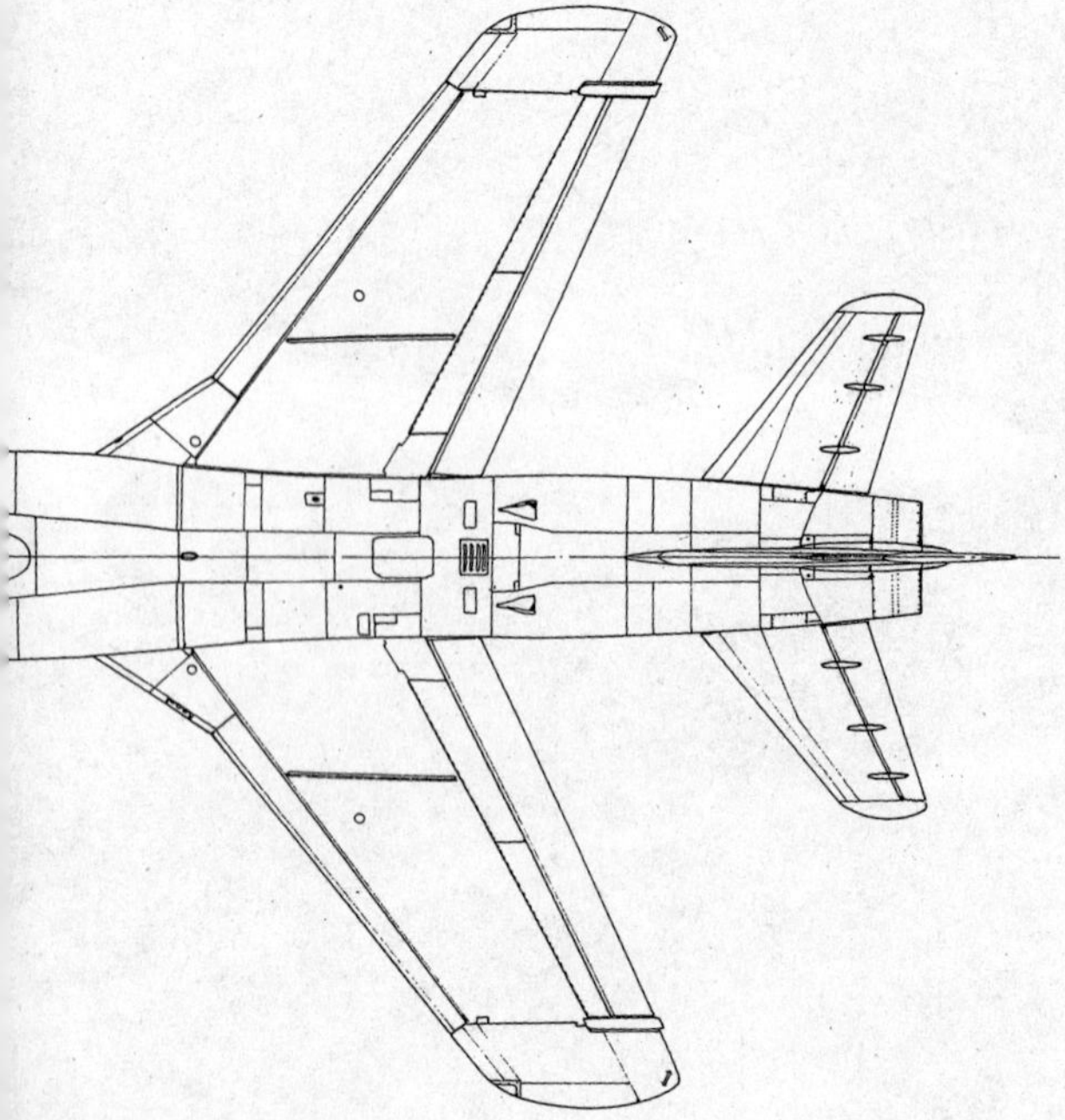

グラマンF11F－1タイガー

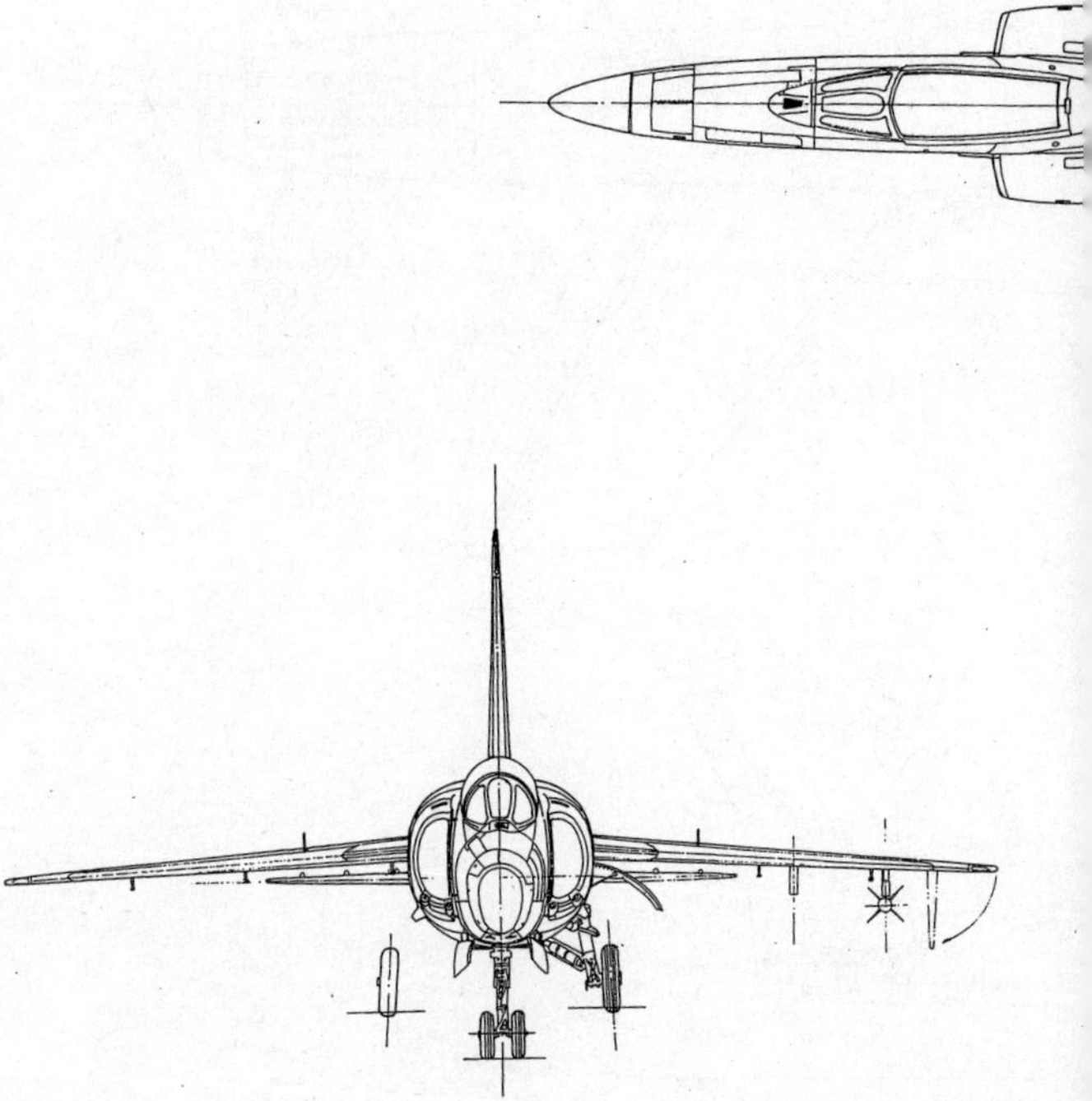

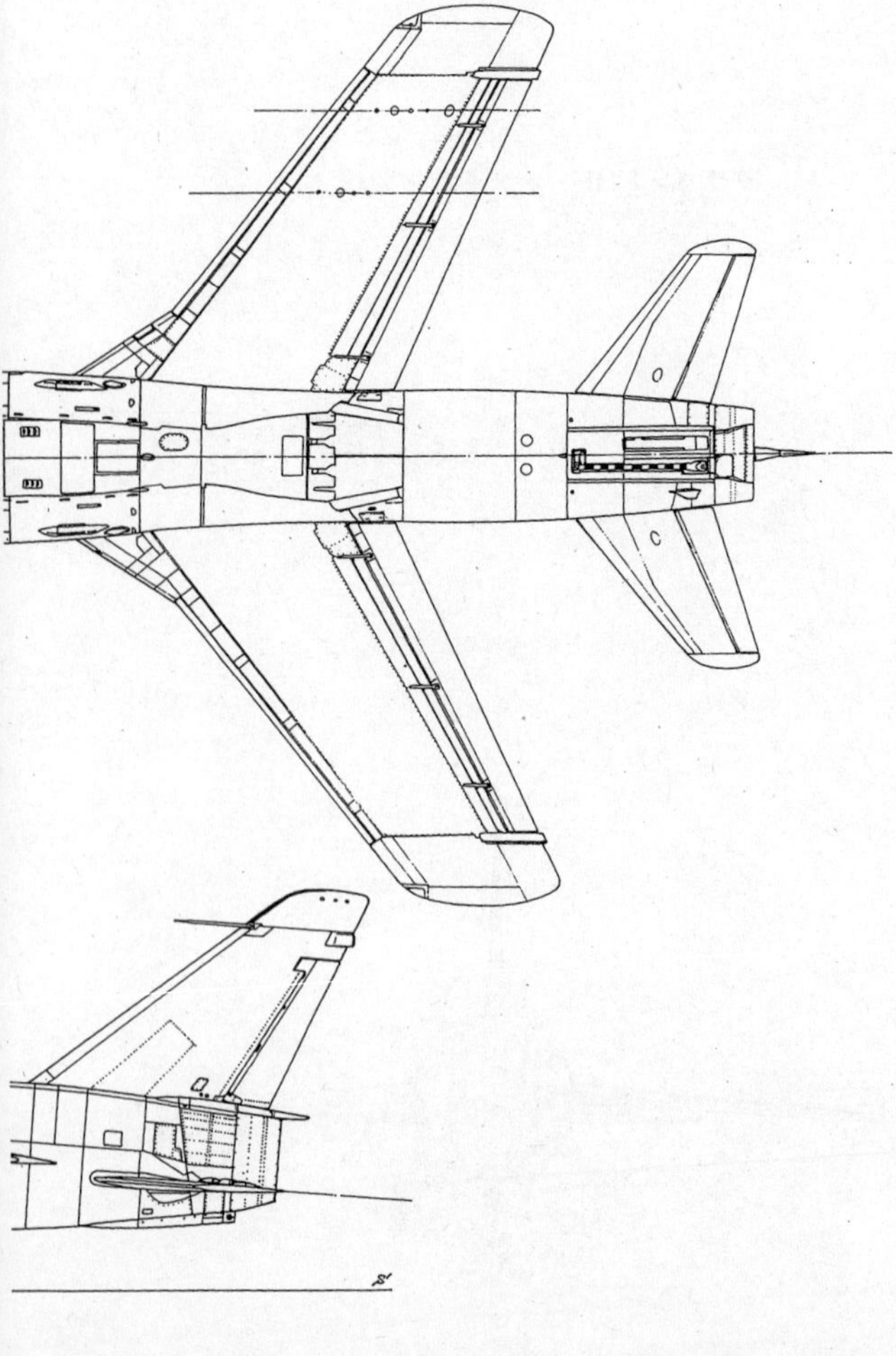

グラマンF11F－1タイガー

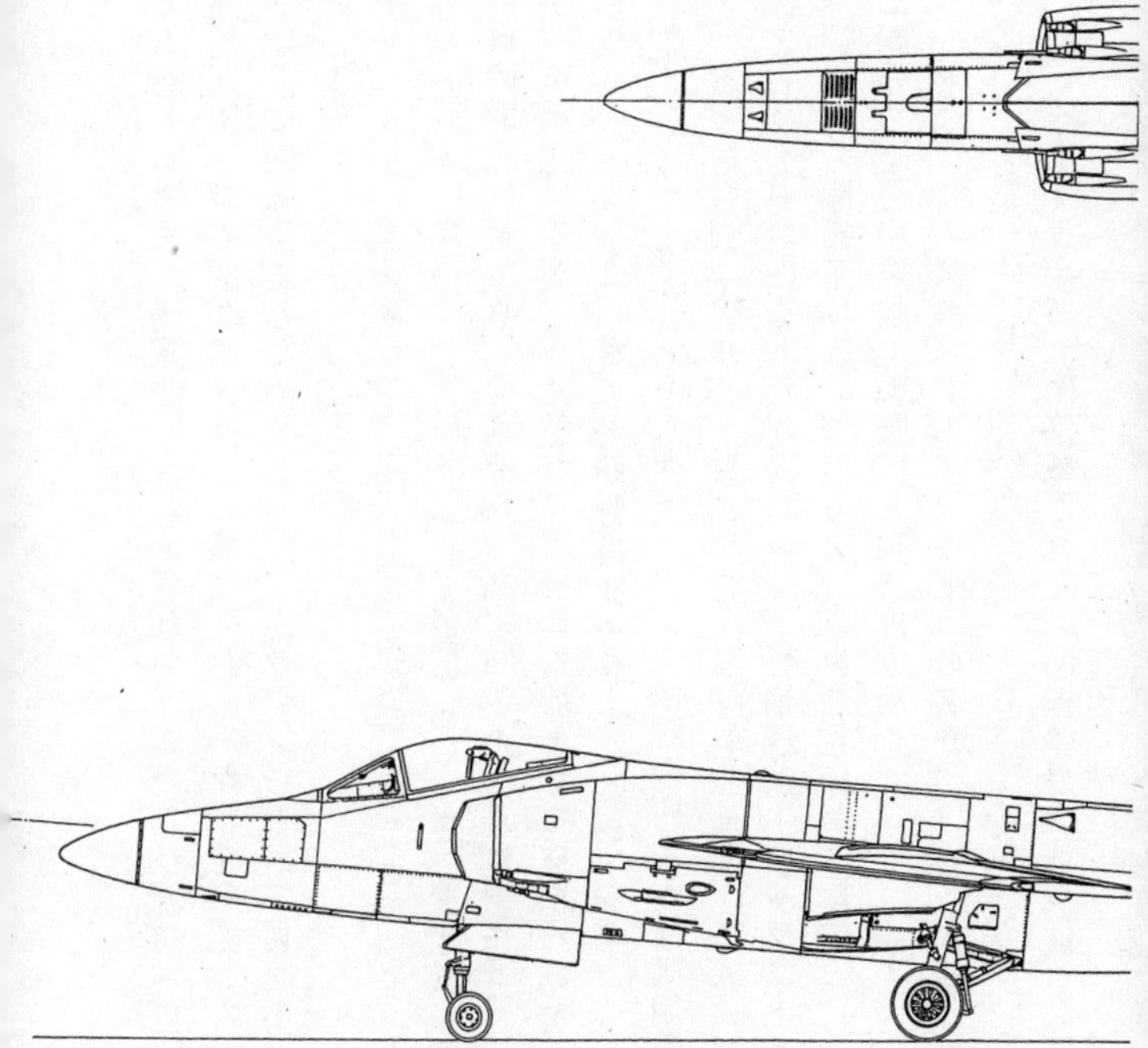

に内定した。

ところが〝群盲、象をなでる〟そのままの論議がくりかえされて、ふたたび源田実氏（当時空将、のち参議院議員）を団長とする調査団がアメリカに派遣され、一年半を経過した一九五九年十一月、ロッキードF104Jに逆転決定したのであった。グラマンにとって何かあと味の悪い航空事件であったといえよう。

その後、ゼネラル・ダイナミックス社と提携して、超音速の可変後退翼（この場合、超音速飛行のとき主翼を後方に折りたたむと、尾翼と一体になって三角翼を形成する）F111A（空軍用）、F111B（海軍用）両戦闘機の開発に努力し、それぞれ一九六四年十二月と翌年五月に、原型一号機を初飛行させたが、実用化に手間どりA型だけ戦闘爆撃機として採用された。

ほかに艦上攻撃機A6「イントルーダー」、艦上早期警戒機のE1「トレーサー」、E2「ホークアイ」、偵察機のOV1「モホーク」などを開発、そして伝統の中型水陸両用飛行艇においてもG73「マラード」およびG64「アルバトロス」をそれぞれ生産し、さらにはフランク・シナトラの自家用機としても有名になった双発ジェット軽輸送機「ガルフストリーム」に手を染めるなど、グラマン社の開拓精神は、つきるところを知らなかった。

F111は苦戦したが、独自に開発した可変翼艦上戦闘機F14Aは成功した。

これには昔なつかしいキャット・シリーズの「トムキャット」の名がつけられ、試作一号機は一九七〇年（昭和四十五年）十二月二十一日に初飛行した。これはすぐ量産にはいり、一九七三年から原子力空母「エンタープライズ」に搭載された。同機の最大速度は、高度一万二二〇〇メートルでマッハ二・三四にたっし、また二四の目標《ターゲット》を同時に追跡して六目標を攻撃できる火器管制システムを装備している。

一九八〇年代、グラマンはグラマン・コーポレーション、グラマン・エアロスペース・コーポレーション、グラマン・アメリカン・アビエイション・コーポレーション、グラマン・インターナショナルなどの八社を包括する一大コンツェルンとなって、ニューヨーク州ロングアイランドのベスペイジ市の大部分を形成するまでに成長した。

ノースロップ・グラマンに

一九六三年のベトナム戦争以後、新型機開発費の高騰で航空機メーカーは四苦八苦するようになった。単独で開発してもそれがライバルに敗れれば、大きなリスクを背負い込むか倒産してしまいかねない。それは意外に早くやってきて、ジェット旅客機の開発と販売に失敗した超有名ダグラス社が、マクダネル社に一九六六年合併され、マクダネル・ダグラス社となり世界を驚かせた。

すると翌一九六七年、ノースアメリカン社とロックウェル・スタンダード社とが合併、一九七三年ロックウェル・インターナショナルに改名した。P51、F86という傑作戦闘機を送り出した、ノースアメリカンの社名が消えたのは大きなショックだった。ただ一九九七年、これがボーイングの傘下に入ったためボーイング・ノースアメリカンに復活はしている。

一九九三年、ロッキードとゼネラルダイナミクスが合併し、その後、電子機器の大手マーチンマリエッタとも合わせてロッキード・マーチン社となった。

こうした連続合併劇の中に、グラマン社も例外ではあり得なかった。F14トムキャットのあと大きな仕事を欠いたため、全翼爆撃機B2執念の受注で有卦《うけ》に入るノースロップ社を親とするノースロップ・グラマン社とならざるをえなくなった。一九九四年五月のことである。しかしそれから四年後の一九九八年十二月、マクダネル・ダグラス社が巨大なボーイング社に合併され、ボーイング名に統一されたことを思えば、社名が残っただけましといえるかもしれない。

アメリカの航空機メーカーは現在、ボーイング、ロッキード・マーチン、ノースロップ・グラマンの三大企業になったわけだが、これは軍事費を抑えるための国家的計略だったともいわれ、これがいつまた変わるのか予断を許さない状況にある。

最後にノースロップ・グラマン社の現在、生産されている主要軍用機を列記しておこう。

（*印はグラマンの開発）

F5E／FタイガーII攻撃・偵察機
F14トムキャット戦闘・攻撃機（可変翼）*
B2スピリット爆撃機（全翼式）
EA6Bプラウラー電子戦機*
E8 J-STARS空中指揮機
E2Cホークアイ哨戒・偵察機*

T38タロン軍用練習機
C2グレイハウンド軍用輸送機＊

【参考文献】グラマン社史（現ノースロップ・グラマン社）＊"The Cactus Air Force" by Thomas G. Miller, Jr. Harper & Row＊"U.S. Navy and Marine Corps Fighters Part I" by William Green and Gordon Swanborough＊大東亜戦争公刊戦史（朝雲新聞社）＊「第2次大戦・アメリカ海軍機の全貌」（航空情報臨時増刊）＊世界の傑作機シリーズ「グラマンF4F／F6F」（文林堂）＊世界の傑作機シリーズ「零戦」（文林堂）＊「大空のサムライ」坂井三郎（光人社）【写真協力】グラマン社（現ノースロップ・グラマン社）＊アメリカ国防総省＊U.S. Navy＊アメリカ国立公文書館＊永井幸雄＊加藤種男＊潮書房【飛行機図版】鈴木幸雄＊小川利彦

本書は昭和四十九年十月、サンケイ出版社刊行の「グラマン戦闘機」に加筆、訂正しました

新装版　平成二十四年八月　潮書房光人社刊

1974年9月3日、ロングアイランドにあるグラマン社(当時)のベスペイジ工場を訪れた著者。組み立てラインにおかれていたF14トムキャット艦上戦闘機の操縦席に座ることができた。

あとがき

太平洋戦争はまさに航空機が主役をつとめたが、なかでも日米ライバル艦載戦闘機同士の零戦とグラマンの争いは最も注目をあつめた。零戦が初め、圧倒的勝利にかがやいたものの、これ一機種でほぼ通したためジリ貧を招いた。しかしアメリカは前半戦、グラマンF4Fワイルドキャットに頼ったあと、中盤戦からエンジン出力を倍にしたF6Fヘルキャットにつないで巻き返した。

このヘルキャット投入を待たず、零戦に劣るといわれたF4Fでも、零戦の薄い防弾、弱い火力、独特のクセを知って自らのタフさ、ダイブの速さ、強火力などの利点に合わせた訓練で対等以上の働きをみせたのである。これこそがグラマン戦闘機と米海兵隊、海軍パイロットの意地と底力であった。このグラマン社のたどった艦戦への情熱と合理性に、やはり太平洋戦争の本質を見てとることができよう。

一九七四年、取材のためグラマン社を訪れた筆者に対し、ルロイ・グラマン氏（グラマン氏は一九八二年に他界された）はじめグラマン社は、各種の資料と写真を提供してくださった。さらにニューヨーク・ベスペイジ工場で組み立てライン上のF14Aトムキャットのコックピットに入ることも許された。これらのご厚意に改めて感謝の意を表するしだいである。

鈴木五郎

二〇〇五年三月

解説

野原　茂

太平洋戦争の勝敗を決定づけたのが、日・米海軍航空戦力の戦いというのは誰しも認めるところだが、そのアメリカ側の象徴的存在 だったのが、グラマン社のＦ４ＦとＦ６Ｆの新旧両艦上戦闘機であった。

日本側が戦争を通してほぼ全期間、零戦のみに頼って戦わざるを得なかったのに対し、アメリカ側は戦争の後半には、エンジン出力が零戦の二倍近いＦ６Ｆへの世代交代がスムーズに進み、質、量両面で零戦を圧倒。航空戦勝利の立役者になった。

太平洋戦争が勃発したとき、それぞれの艦上戦闘機兵力の主力であった零戦とＦ４Ｆは、エンジン出力はほぼ同級（九四〇ｈｐと一二〇〇ｈｐ）だったものの、ユーザーである軍側の要求、メーカー側の設計思想が絡み、特性はまったく異なっていた。

エンジン出力がＦ４Ｆに比べて二割ほど低い零戦は、徹底した軽量化構造と外形の空気力学的洗練を施し、速度、上昇、旋回性能などでＦ４Ｆを凌駕。これに操縦技倆に優れたパイロットにも恵まれて、緒戦期は空中戦で優位に立った。

しかし、Ｆ４Ｆが戦訓を採り入れて空中戦術を改め、零戦の得意とする単機格闘戦（ドッグファイト）を避け、常に二機一組となって行動し、零戦にはない長所を生かした降下一撃離脱戦術に徹するようになると形勢は好転。互角以上の戦いが可能になった。

零戦は、軍側からの要求がなかったこともあり、被弾から機体、パイロットを守るための防弾装備を一切持たなかった。故にたった一発の不運な被弾がパイロットに当たれば致命傷となり、Ｆ４Ｆが遠くから放つか五〇口径（一二・七ミリ）機銃六梃によるシャワーの如き弾幕に捉われると、たちまち燃料タンクが火を吹くか、もしくは瞬時に爆発し、損害が急増した。

このような現状のまま、戦う相手がＦ４Ｆに比べて一段と高性能のＦ６Ｆに代わったのだから、零戦の空中戦における勝機が遠のいたのもむべなるかなであった。

グラマン社の創立は一九二九年十二月で、零戦の開発メーカーである三菱重工に比べると、航空機設計の経験は浅かった。とはいえ、航空先進国でもあったアメリカだけに、設計技術レベルは高く、エンジンの開発面では常に日本よりも先行して二〜三割がた高い出力の、しかも実用性に優れる製品を送り出していた。

グラマン社にとって最初の〝作品〟でもある、複座艦上戦闘機ＦＦ‐１がいきなり制式採用を勝ち取った（一九三二年）のも、同社技術陣がそれなりに高い設計技術を持っていたことの証しである。

同じ頃、日本海軍が制式採用した複葉固定式主脚の中島九〇式艦上戦闘機の搭載エンジンは五八〇ｈｐの「寿」だったが、ＦＦ‐１のそれは七〇〇ｈｐのＲ‐１８２０。しかも、胴体は複葉形態機の〝定番〟とも言うべき羽布張り外皮ではなく、全金属製半張殻（セミ・モノコック）式構造、しかも、その胴体両側に車輪を収める引込式主脚とした点に、前述したアメリカ航空工業界技術力のレベル、さらにはグラマン社の実力が示されている。

ただ、このＦＦ‐１のあと、本機を単座化したＦ２Ｆ、さらにはＦ３Ｆとグラマン複葉艦上戦闘機が〝市場を独占〟する形にはなったものの、世界的な趨勢になりつつあった全金属製単葉形態への切り替えどきを見誤ったのは、グラマン社の油断ではあった。

Ｆ３Ｆの後継機を当局から求められたとき、グラマン社は漫然と複葉形態を踏襲したＸＦ４Ｆ‐１を提示したのだが、ライバル会社ブリュースター社が全金属製単葉形態機ＸＦ２Ａ‐１を提案してきたことで、ＸＦ４Ｆ‐１は原型機製作契約を破棄されてしまったのである。

慌てたグラマン社は、ただちにＸＦ４Ｆ‐１は単葉化案を当局に提出、幸いにしてこれが受け入れられ、改めてＸＦ４Ｆ‐２の名称で原型機製作を受注できた。

しかし、急いでまとめ上げたせいでＸＦ４Ｆ‐２は設計的に〝未消化〟の部分が多々あり、一九三八年に行なわれたＸＦ２Ａ‐１との比較審査に破れ、制式採用をさらわれてしまう。

それでも、当局が見捨てずに改良版としてＸＦ４Ｆ‐３の原型機製作を発注してくれたことがグラマン社にとっては救いだった。この機会がラスト・チャンスと自覚した技術陣は、ＸＦ４Ｆ‐２の胴体主要部と主脚を除き全面的に再設計した機体を、一九三九年二月に初飛行させる。

そして、このＸＦ４Ｆ‐３がＦ２Ａを性能面で大きく凌駕したことで、同機にかわり主力艦戦として遇される仕儀となり、グラマン社は面目を保つことが出来たのである。

Ｆ４Ｆは、設計的に際立った特徴はないが、零戦のように汲々とした感じはなく、質実剛健を地でいく、文字どおりの〝グラマン製品〟だった。しかし、この長所が実戦で大いに役立ち、性能上の負い目を補い、やがては零戦と互角以上にわたり合える〝武器〟になったのだ。真の兵器とは性能上の優位が全てではない、ということの証明でもある。

Ｆ４Ｆの後継機となったＦ６Ｆは、その開発の経緯（Ｆ４Ｕコルセアの不測事態に備える保険機として発注された）からして、失敗のリスクを避けたＦ４Ｆの拡大、改良版である。備えどおり、Ｆ４Ｕが空母上での運用に不安を与えたことから、〝棚ボタ〟式に主力艦戦の座が転がり込んだ。

しかし、戦う相手が一世代前の零戦を含めた、防弾装備が脆弱な日本軍機であれば、Ｆ６Ｆでも強力な〝バトル・マシーン〟となり、そのうえ数の面でも圧倒したから、日本側に勝ち目はなかった。

Ｆ６Ｆ開発にまつわる〝ウサ晴らし〟ではないが、グラマン社が同機の後継を意図して当局に自主提案し、わずか九ヵ月余の短期間でまとめ上げ、一九四四年八月に原型機が初飛行したＦ８Ｆは、技術陣の英知の全てが注ぎ込まれた傑作だった。

エンジンはＦ６Ｆと同じ出力二〇〇〇ｈｐのＲ‐２８００だったが、機体は三分の二サイズに小型化、重量も約一トン軽くして外形の空気力学的洗練を徹底した結果、性能は飛躍的に向上。文字どおり〝究極のレシプロ艦戦〟と言えるほどの出来映えに仕上がった。

惜しくも太平洋戦争には間に合わず、戦後に就役したものの、急速なジェット化の波に呑み込まれて引退も早く、実戦でその高性能を示す機会はなかった。

しかし、F8Fこそが、グラマン社技術陣の真の優秀さを示す証しとなったことは疑いようがない。蛇足ながら、こんなF8Fに対抗できる機体は、当時の日本では夢でも実現できそうになかった。

FF-1からF8Fに至るグラマン艦戦は全て単発機であったが、空母の大型化が進むなかで、当局は双発艦戦の実現にも意欲を示し、グラマン社もその要求に応えるべく開発に手を染めた。

最初に手掛けたのは、一九四〇年四月に初飛行したXF5F-1でF4Fとほぼ同サイズの小柄な機体に、R-1820エンジン（一二〇〇hp）を近接配置した独特の外観が印象的だった。

しかし、無理な設計が災して陸上基地への着陸も困難という状況で、当局は実用化は無理と判断。グラマン社自ら開発中止を申し入れ、受理された。

XF5F-1のテストが続いているなか、当局はグラマン社が提案した次なる双発艦戦の設計案「G‐51」を認め、一九四一年六月にXF7F‐1の名称で原型機製作を発注した。

一九四三年十一月に初飛行した原型機は、F6Fと同じR‐2800エンジンを搭載した、全幅一五・七メートル、全長一三・八メートルのXF5F‐1に比べてふたまわりも大きい機体だった。

設計的にはF8Fにも通じる見事な空気力学的洗練が効いていて、双発艦戦としては十分すぎる高性能だったが、如何せん大型すぎて現用空母上では運用できず、海兵隊向けの陸上戦闘機として採用。結局は太平洋戦争への本格的参加も叶わず、戦後に夜間戦闘機型中心に配備、朝鮮戦争の初期に実戦投入されたのみで引退した。

グラマン社は、戦後のジェット時代になってもF9F、F11Fと単発艦戦を送り出し、一九七〇年代に入りF‐14トムキャットという、傑作機にしてF7Fで果たせなかった悲願の双発艦戦を実現する。

NF文庫

グラマン戦闘機　新装解説版
二〇二四年六月二十四日　第一刷発行
著　者　鈴木五郎
発行者　赤堀正卓
発行所　株式会社　潮書房光人新社
〒100-8077　東京都千代田区大手町一-七-二
電話／〇三-六二八一-九八九一(代)
印刷・製本　中央精版印刷株式会社
定価はカバーに表示してあります
乱丁・落丁のものはお取りかえ
致します。本文は中性紙を使用

ISBN978-4-7698-3364-2　C0195
http://www.kojinsha.co.jp

NF文庫

刊行のことば

第二次世界大戦の戦火が熄《や》んで五〇年――その間、小社は夥しい数の戦争の記録を渉猟し、発掘し、常に公正なる立場を貫いて書誌とし、大方の絶讃を博して今日に及ぶが、その源は、散華された世代への熱き思い入れであり、同時に、その記録を誌して平和の礎とし、後世に伝えんとするにある。

小社の出版物は、戦記、伝記、文学、エッセイ、写真集、その他、すでに一、〇〇〇点を越え、加えて戦後五〇年になんなんとするを契機として、「光人社NF（ノンフィクション）文庫」を創刊して、読者諸賢の熱烈要望におこたえする次第である。人生のバイブルとして、心弱きときの活性の糧《かて》として、散華の世代からの感動の肉声に、あなたもぜひ、耳を傾けて下さい。